最经典的蕾丝花饰

118款

日本美创出版 编著　何凝一 译

河北科学技术出版社

目录

钩针日制针号换算表

日制针号	钩针直径		日制针号	钩针直径
2 / 0	2.0mm		8 / 0	5.0mm
3 / 0	2.3mm		10 / 0	6.0mm
4 / 0	2.5mm		0	1.75mm
5 / 0	3.0mm		2	1.50mm
6 / 0	3.5mm		4	1.25mm
7 / 0	4.0mm		6	1.00mm
7.5 / 0	4.5mm		8	0.90mm

重点课程 35 图片 ▸ P43

第6、第8、第10行爆米花针的挑针方法

1 钩织完第5行后,先钩织3针立起的锁针,作为第6行右侧爆米花针的起始部分。然后在针尖挂线,准备钩织长针(箭头参见步骤2的解说)。

2 针尖挂线,按照步骤1的箭头所示,将第4行和第5行锁针的2根线挑起,引拔抽出线,完成长针。

3 接着将钩针插入步骤2的同一针脚中,织入3针长针。

第3针锁针

4 完成爆米花针。参照P110的钩织方法(仅限右端的爆米花针,暂时抽出针,按照步骤3的箭头所示插入钩针)。

重点课程 42 图片 ▸ P46

蔷薇的钩织方法和拼接完成方法

← ③
→ ②

 长针2针枣形针的2针并1针

1 参照记号图钩织第1、第2行。第3行织入锁针、长针2针的枣形针、短针,中途钩织"[长针2针枣形针]的2针并1针"。

2 钩织2针锁针,然后重复钩织"[长针2针枣形针]的2针并1针"。在步骤1箭头所示的针脚中织入2针未完成的长针,然后在下面的针脚(箭头位置)中用同样的方法织入2针未完成的长针。

3 针上挂着5个线圈,然后再在针上挂线,一次性引拔穿过所有线圈。长针2针枣形针的2针并1针钩织完成。

4 钩织3针锁针,然后在下面的针脚中织入1针短针。钩织完1个花样后如图所示。

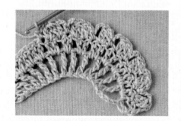 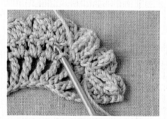  

5 将"[长针2针枣形针]的2针并1针"的花样移至中心,钩织10个山形花样,然后再加入中长针、长针、长长针,钩织成更大的山形花样。

6 花心部分先在第1行的头针处接线,线圈状的织片参照记号图,钩织拼接3个山形。

7 花心的线头藏到织片的反面,花瓣部分留出线头。花瓣(带花心)钩织完成后如图。

8 花心置于中心,一圈圈缠好,起的锁针呈螺旋状,线头穿入针中,再从起针的锁针中穿过。

9	10	11	12
缝纫针插入中心的锁针中，同时慢慢错开，来回缝几次。此时看着正面，整理中心的形状。	以2~3针为单位，逐一挑起外侧的锁针，按拱缝的要领缝好收缩。线头藏入针脚中，处理好。	花朵的中心用手整理出层层叠叠的效果。钩织叶子，处理线头。	叶子放到花的内侧，缝合茎的部分。蔷薇完成后如图所示。

重点课程 配色线的替换方法 1

≡包住横向穿引渡线（暂时停下的编织线）钩织时≡

钩织细微的图案时，横向穿引暂时停下的编织线，然后一起包住线钩织。稍微处理下线头。（参照右侧记号图中的解说）

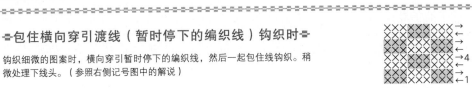

奇数行 （每隔3针替换配色线钩织，粉色、白色均是在第3行的最后换上之后需要钩织的颜色，引拔替换后，完成3针短针）

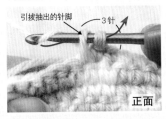   

1	2	3	4
钩织粉色部分时，需包住白色的编织线，同时钩织3针短针。第3针则是从上一行的针脚中抽出钩针，将下面要钩织的白色线挂在钩针上，然后按箭头所示引拔钩织（挂在针上的编织线换成了白色）。	包住之前停下的粉色线，同时用白色线钩织短针。	用白色线钩织3针，在钩织第3针的最后部分时，按照步骤的方法，将下面要用到的粉色钩织线挂到钩针上，引拔抽出。	包住之前停下的白色线，同时用粉色线钩织。按照同样的方法重复步骤1~4。

偶数行 （图案每两行换一次，用与上一行相同的配色线进行钩织，第3针则是按照就奇数行的方法换线）

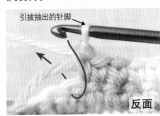 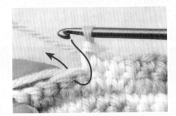 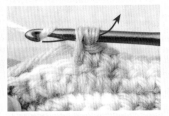 

1	2	3	4
用粉色线钩织3针，钩织第3针时按照奇数行的方法，引拔抽出下面要钩织的白色编织线，替换挂在针上的编织线。接着包住之前停下的粉色线，用白色线钩织。	用白色线钩织第3针，然后换成粉色线，钩织下面的针脚。接着用同样的方法包住白色的编织线，再用粉色线钩织。	钩织第3针的最后部分时，挂上白色线，引拔抽出换线。	白色、粉色编织线都是在第3针的最后部分换线，同时交替钩织。每两行换一次，钩织出方格花样后如图。

重点课程 7I 图片 → P52

配色线的替换方法 2

I 钩织第3行最后的引拔针时，换上b色。

2 引拔钩织完成后如图。接着钩织第4行。

3 钩织第4行最后的引拔针时，换上c色。接着钩织第5行，但要将b色放在内侧，暂时停下。

4 钩织第5行最后的引拔针时，引拔拉动之前停下的b色线。用同样的方法替换配色线，同时钩织至最后。

重点课程 I0I 图片 → P80

从第2块开始拼接花样的方法（暂时从织片中取出针再拼接的方法）

I 在第2块花样的拼接位置钩织至第3针锁针后，先拉到针上的线圈，然后从织片中取出钩针，插入第1块花样的拼接位置。

2 从钩针插入之前取出的线圈中拉紧线（箭头所示部分在步骤3中进行解说）。

3 按照步骤2的箭头所示将针尖插入第1块花样中，再引拔抽出。

4 之后按照记号图钩织。

重点课程 I03 图片 → P80

第11行、锁针3针引拔小链针的钩织方法

I 钩织第11行的长长针2针的枣形针，然后再钩织5针锁针（箭头所示部分在步骤2中进行解说）。

2 从长长针的头针数起，将钩针插入第2针锁针的2根线中（步骤1中箭头的位置），针尖挂线后引拔抽出，再接着引拔抽出针上的线圈。

3 钩织锁针3针的引拔小链针，然后再钩织2针锁针后如图。

4 接着再钩织完长长针2针的枣形针，如图。

PART I

饰边、镶边

饰边与镶边可以添加到周围的物品中，让它们更漂亮更富有魅力。
看着花样逐一呈现的过程，心情也变得充满期待与紧张。

1、2、3 室内装饰的亮点

颇具存在感的饰边可以用做室内装饰品，
非常精致漂亮。

制作方法 **P25**

a

4 添加到衣领

简单的针织衫衣领上加入花边后别具一番韵味。

制作方法 **P26**

b

5 点缀手提包的提手

根据手提包的颜色选择相互搭配的镶边。

制作方法 P26

6 手帕的嵌花

精致的镶边让手帕增添了几分华丽。

制作方法 **P26**

7 手帕的花边

女孩们都向往的浪漫花边手帕。

制作方法 **P27**

8 装饰灯罩

下垂的镶边设计最适合用于点缀灯罩。

制作方法 P27

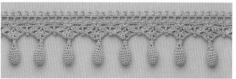

9 裤腿装饰

阔腿裤的裤口处缝上纤细的饰边，休闲舒适。

制作方法 P28

IO 改良短袜

钩织长长的镶边，改良成蕾丝花边短袜。

制作方法 **P28**

II 居家鞋上的单点花样

短小的花样缝在鞋面上，可做单点花样装饰点缀。

制作方法 **P28**

12 鸭舌帽的装饰品

中性风格的鸭舌帽，也能多几分淑女气。

制作方法 **P28**

I3 让篮子多几分柔美

篮子边缘缝上花边后便是外出时可使用的手提包。

制作方法 **P29**

a

14 花朵图案的婴儿手套

单独的一个镶边花样用做装饰品也不错。

制作方法 **P29**

b

I5　卷蔷薇项链

淡雅的镶边中穿入丝带，制作成项链。

制作方法　P29

I6　凤梨花样的发带

根据发带的长度钩织出镶边，两端固定即可。

制作方法　P30

I7 小花装饰的相框

用手工钩织的镶边，随意地装饰自己喜爱的照片。

制作方法 **P30**

I8 迷你蔷薇项链

珍珠与丝带，多种素材叠加出优雅质感的项链，非常漂亮。

制作方法 P30

19 收纳盒上的浪漫元素

与木质材料相得益彰，用黏合剂粘贴即可。

制作方法 P31

20 小花手链

与珍珠重叠，制作成清爽的手链。

制作方法 P31

21 让贝雷帽更添几分可爱

贝雷帽的边缘用简单的花边装饰，更多了几分女孩气息。

制作方法 P31

22 保存瓶的装饰

同玻璃材质搭配，用于装饰的蕾丝花边，让整个格调温馨自然。

制作方法 **P32**

23 篮子的花边装饰

在花园隔板上的篮子边上加入花样做点缀。

制作方法 P32

24 与皮革材质搭配

同样适合与稍微硬朗的皮革材质搭配。

制作方法 P32

25 记事本的装饰花样

每天都用的记事本上加入手工制作的镶边点缀，提升原创感。

制作方法 **P33**

26 篮子上的精心设计

在篮子上缝一圈饰边，让冬日充满暖意。

制作方法 **P33**

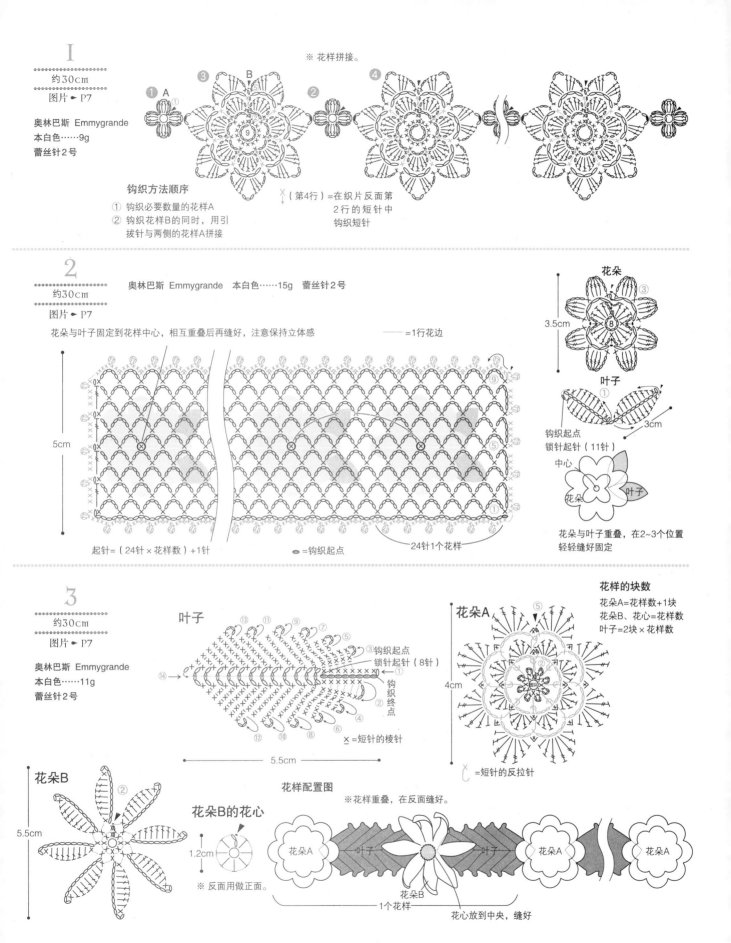

1

约30cm

图片➡P7

奥林巴斯 Emmygrande
本白色……9g
蕾丝针2号

※ 花样拼接。

钩织方法顺序

① 钩织必要数量的花样A

② 钩织花样B的同时，用引拔针与两侧的花样A拼接

✕（第4行）=在织片反面第2行的短针中钩织短针

2

约30cm

图片➡P7

奥林巴斯 Emmygrande　本白色……15g　蕾丝针2号

花朵与叶子固定到花样中心，相互重叠后再缝好，注意保持立体感

—— =1行花边

5cm

起针=（24针×花样数）+1针

● =钩织起点

24针1个花样

花朵

3.5cm

叶子

3cm

钩织起点
锁针起针（11针）

中心

花朵

叶子

花朵与叶子重叠，在2~3个位置
轻轻缝好固定

3

约30cm

图片➡P7

奥林巴斯 Emmygrande
本白色……11g
蕾丝针2号

叶子

③钩织起点
锁针起针（8针）

②钩织终点

钩织终点

✕=短针的棱针

5.5cm

花样的块数

花朵A=花样数+1块
花朵B、花心=花样数
叶子=2块×花样数

花朵A

4cm

=短针的反拉针

花朵B

5.5cm

花朵B的花心

1.2cm

※ 反面用做正面。

花样配置图

※花样重叠，在反面缝好。

花朵A ← 叶子 → 花朵B ← 叶子 → 花朵A 花朵A

1个花样

花心放到中央，缝好

4

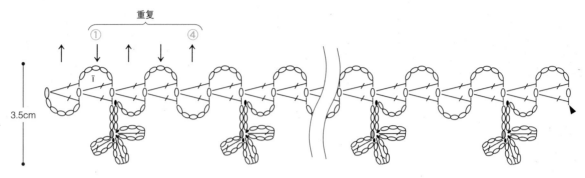

約30cm

图片 ➡ P8

a：奥林巴斯 Emmygrande 红色……3g
b：奥林巴斯 Emmygrande 本白色……3g

蕾丝针0号

重复
① ④

3.5cm

● =织入3针长针、3针引拔针
○ =钩织起点

5

約30cm

图片 ➡ P9

奥林巴斯 Emmygrande 红色……2g 蕾丝针0号

2cm

②
①

6针1个花样

起针=（6针×花样数）+1针   ● =在此针中织入枣形针和引拔针

6

約30cm

图片 ➡ PlO

奥林巴斯 Emmygrande 本白色……6g 蕾丝针0号

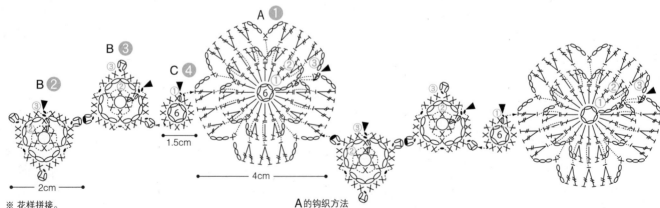

A ❶

B ❸

B ❷

C ❹

1.5cm

2cm

4cm

※ 花样拼接。

重复❶~❹（先钩织出必要块数的A）

A的钩织方法

※将第1行内侧的半针挑起钩织第2行的长针。
将第1行剩下的外侧半针挑起钩织第3行的长长针。

7

約30cm

图片 ► P10

奥林巴斯 Emmygrande<Colors> 蓝色……3g 蕾丝针0号

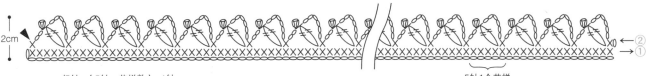

起针=（5针×花样数）+1针

5针1个花样

←②
←①

2cm

8

约31cm

图片 ► P11

奥林巴斯 Emmygrande<Herbs> 茶色……12g 填充棉……少许 蕾丝针0号

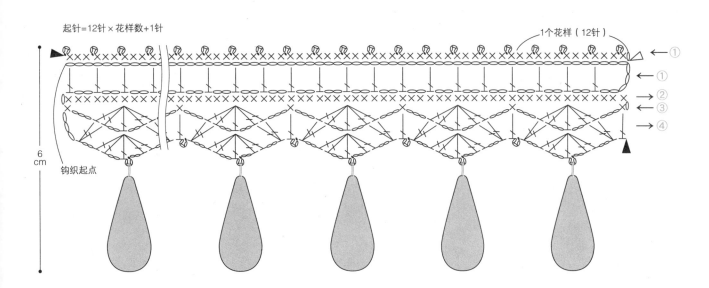

起针=12针×花样数+1针

1个花样（12针）

←①
←①
→②
←③
→④

6cm

钩织起点

果实花样

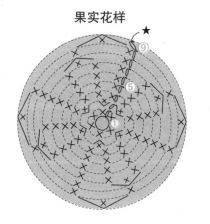

来回穿引2次渡线，缝至
镶边第4行的小链针处

★果实的钩织终点处塞入填
充棉，缝好收紧

果实的针数表

行数	针数	加减针数
⑨	4	−4
⑧	8	无
⑦	8	−4
③~⑥	12	无
②	12	+6
①	6	

9

约30cm

图片 ► P12

奥林巴斯 Emmygrande 本白色……7g 蕾丝针0号

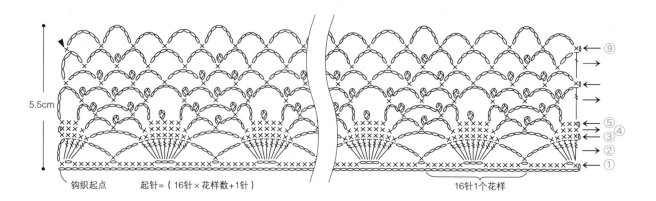

5.5cm

钩织起点　　　起针=（16针×花样数+1针）

←⑨
→
←
→
←⑤④
←③
→②
←①

16针1个花样

IO

约30cm

图片 ► P13

奥林巴斯 Emmygrande 本白色……1.5g 蕾丝针0号

1.2cm

←①

起针=（9针×花样数）+1针

=钩织起点

9针1个花样

X=织入3针引拔针

II

约30cm

图片 ► P13

奥林巴斯 Emmygrande 绿色……2g 蕾丝针0号

2cm

锁针起针
（2针）

① ②

※ 重复①②。

I2

约30cm

图片 ► P14

奥林巴斯 Emmygrande 本白色……3g 蕾丝针0号

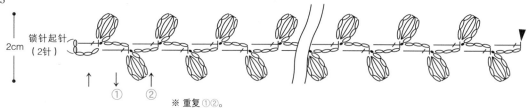
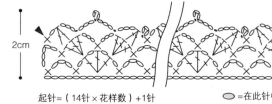
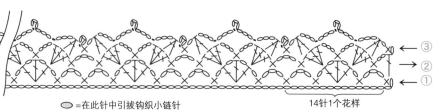

2cm

←③
→②
←①

起针=（14针×花样数）+1针

=在此针中引拔钩织小链针

14针1个花样

I3

約30cm

图片 → P15

奥林巴斯 Emmygrande<Herbs> 米褐色……9g 蕾丝针0号

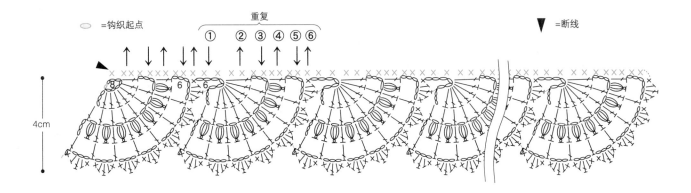

○ =钩织起点　　　▼ =断线

重复

① ② ③ ④ ⑤ ⑥

4cm

I4

约30cm

图片 → P16

a：奥林巴斯 Emmygrande<Herbs> 米褐色……3g
b：奥林巴斯 Emmygrande<Herbs> 茶色……3g
蕾丝针0号

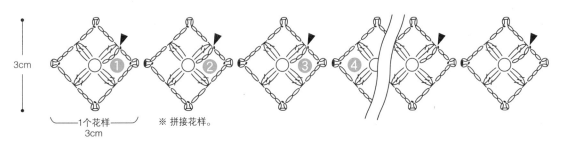

3cm

① ② ③ ④

├─1个花样─┤
3cm

※ 拼接花样。

I5

约30cm

图片 → P17

奥林巴斯 Emmygrande 本白色……7g 蕾丝针2号

花朵A

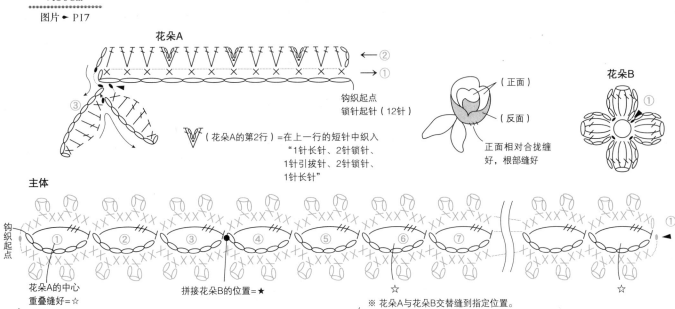

← ②
→ ①

钩织起点
锁针起针（12针）

V（花朵A的第2行）=在上一行的短针中织入
"1针长针、2针锁针、
1针引拔针、2针锁针、
1针长针"

（正面）

（反面）

正面相对合拢缠
好，根部缝好

花朵B

①

主体

钩织起点

① ② ③ ④ ⑤ ⑥ ⑦

①

花朵A的中心
重叠缝好=☆

拼接花朵B的位置=★

☆

☆

※ 花朵A与花朵B交替缝到指定位置。

├──────1个花样──────┤

29

16

約30cm

图片 → P17

奥林巴斯 Emmygrande 本白色……3g 蕾丝针2号

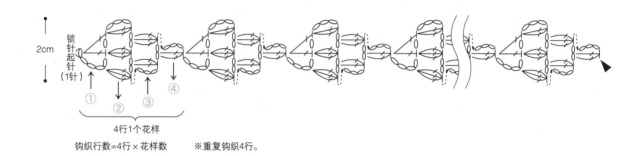

2cm

锁针起针（1针）

① ② ③ ④

4行1个花样

钩织行数=4行×花样数　※重复钩织4行。

17

约40cm

图片 → P18

奥林巴斯 Emmygrande<Herbs> 绿色……3g Emmygrande 粉色……1g
浜中 镶边……宽3cm、长40cm 蕾丝针0号

◯ =在此针中钩织2次长长针，再织入短针（第1行钩织2次，第2行钩织3次）
◯ =在此针中钩织第2行的引拔针

镶边藏住

3cm
②
①

钩织起点

（13针）　（24针）　（24针）

=粉色（165）
=绿色（273）

18

约30cm

图片 → P19、48

奥林巴斯 Emmygrande
米褐色……3g
钩针2/0号

从此侧卷起

花朵　9块

b
钩织起点与钩织终点
留出10cm的线头
a

①

花朵的内侧

1cm

底面

b　a

将织片卷成花朵形状。底侧用线头b缝好

花朵的线头在小链针的引拔针反面打结

1cm

1个花样
重复19针

镶边

第19次

30cm

=在此针中钩织2次小链针的引拔针

30

19

約35cm

图片 ► P20

奥林巴斯 Emmygrande<Herbs>A深粉色、浅粉色……各2.5g，
蓝色……2g 浜中粗制蕾丝花边……宽1cm、长35cm 蕾丝针0号

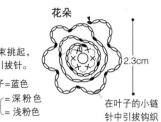

花朵

※ 将上一行的线圈成束挑起，
钩织第3、第4行的引拔针。

2.3cm

叶子=蓝色

花 { 深粉色
     浅粉色

在叶子的小链
针中引拔钩织

钩织方法顺序
①在蕾丝花边中钩织叶子
②两色花朵交替钩织拼接在指定位置

蕾丝花边

① 蓝色

6针　5针　6针　5针

9针

4.5cm

浅粉色　1个花样　深粉色

20

約30cm

图片 ► P2I

奥林巴斯 Emmygrande 绿色……3g 蕾丝针0号

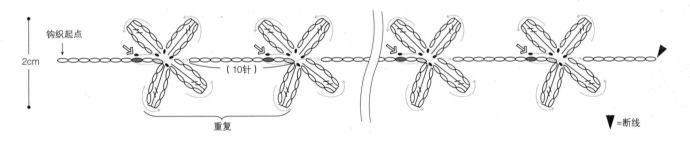

=在此针中织入引拔针4针、长长针4针

=在此针中织入花瓣最终的引拔针

钩织起点

2cm

（10针）

重复

▼=断线

2I

約35cm

图片 ► P2I

奥林巴斯 Emmygrande<Herbs> 粉色……2g
浜中 镶边……宽2cm、长35cm 蕾丝针0号

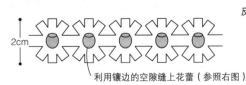

2cm

利用镶边的空隙缝上花蕾（参照右图）

反面

镶边

钩织起点与终点
的线头打结，缝
到镶边中，避免
影响正面效果

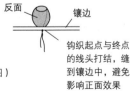

花蕾

①

锁针起针（4针）

※ 在最初的针脚中引拔钩织，
呈圆环状。

22

約30cm

图片 ➡ P22

奥林巴斯
Emmygrande
粉色……5g
蕾丝针0号

4.5cm

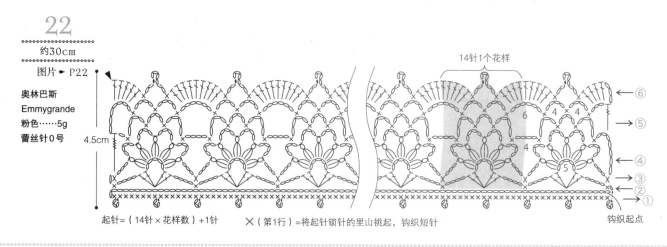

14针1个花样

起针=（14针×花样数）+1针　　×（第1行）=将起针锁针的里山挑起，钩织短针　　钩织起点

23

約30cm

图片 ➡ P23

奥林巴斯　Emmygrande　米褐色、茶色……各4g　绿色……2g
Emmygrande<Herbs>　茶色……2g　填充棉……少许　蕾丝针0号

▽=接线　　▼=断线

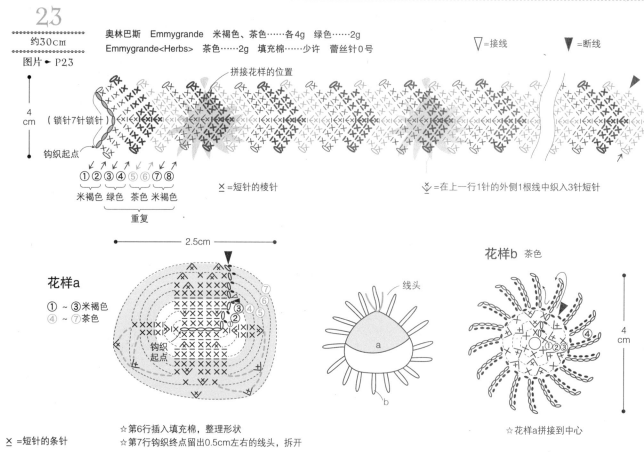

（锁针7针锁针）

钩织起点

① ② ③ ④ ⑤ ⑥ ⑦ ⑧
米褐色　绿色　茶色　米褐色
重复

×=短针的棱针　　　=在上一行1针的外侧1根线中织入3针短针

花样a

① ~ ③米褐色
④ ~ ⑦茶色

2.5cm

钩织
起点

线头

a

b

花样b　茶色

4cm

4cm

×=短针的条针

☆第6行插入填充棉，整理形状
☆第7行钩织终点留出0.5cm左右的线头，拆开

☆花样a拼接到中心

24

約30cm

图片 ➡ P23

奥林巴斯　Emmygrande　本白色……4g　钩针2/0号

2cm

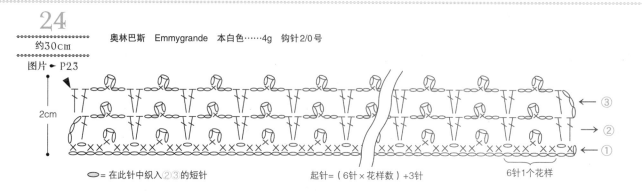

=在此针中织入②③的短针　　　起针=（6针×花样数）+3针　　6针1个花样

约30cm

图片 → P24

奥林巴斯 Emmygrande
本白色……7g 钩针2/0号

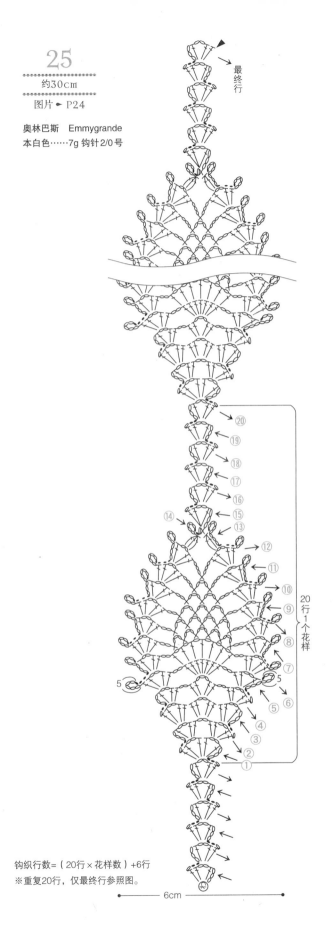

最终行

20行1个花样

钩织行数=（20行×花样数）+6行
※重复20行，仅最终行参照图。

6cm

约30cm

图片 → P24

Richmore Percent　本白色……19g
钩针5/0号

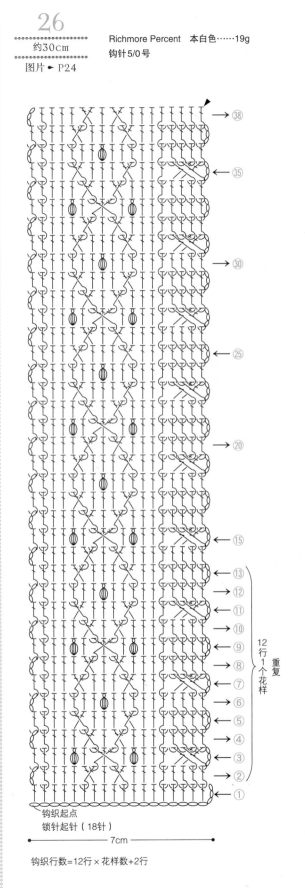

12行1个花样

重复

钩织起点
锁针起针（18针）

7cm

钩织行数=12行×花样数+2行

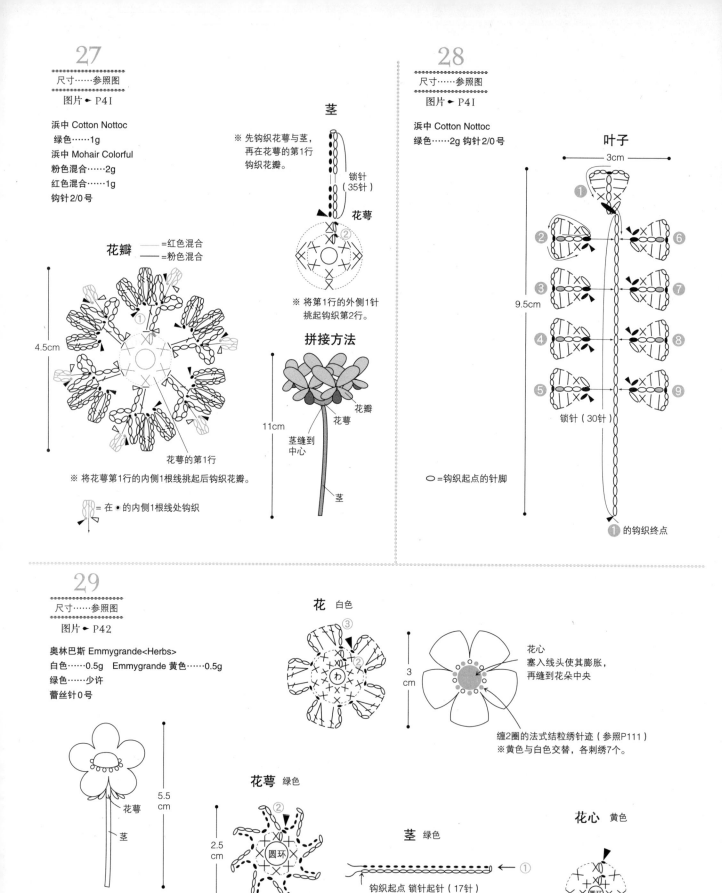

27

尺寸……参照图
图片 ➤ P41

浜中 Cotton Nottoc
绿色……1g
浜中 Mohair Colorful
粉色混合……2g
红色混合……1g
钩针2/0号

花瓣　　　=红色混合
　　　　　=粉色混合

4.5cm

花萼的第1行

※ 将花萼第1行的内侧1根线挑起后钩织花瓣。

⟨图⟩= 在 • 的内侧1根线处钩织

茎

※ 先钩织花萼与茎，再在花萼的第1行钩织花瓣。

锁针（35针）

花萼

※ 将第1行的外侧1针挑起钩织第2行。

拼接方法

11cm

花瓣
花萼
茎缝到中心
茎

28

尺寸……参照图
图片 ➤ P41

浜中 Cotton Nottoc
绿色……2g 钩针2/0号

叶子

3cm

9.5cm

锁针（30针）

◯=钩织起点的针脚

① 的钩织终点

29

尺寸……参照图
图片 ➤ P42

奥林巴斯 Emmygrande<Herbs>
白色……0.5g　Emmygrande 黄色……0.5g
绿色……少许
蕾丝针0号

5.5cm

花萼
茎

茎穿入花萼中心，缝好。
再缝到花朵反面

花　白色

花　白色

3cm

花心
塞入线头使其膨胀，再缝到花朵中央

缠2圈的法式结粒绣针迹（参照P111）
※黄色与白色交替，各刺绣7个。

花萼　绿色

圆环

2.5cm

茎　绿色

钩织起点 锁针起针（17针）

4cm

花心　黄色

圆环

34

奥林巴斯　Emmygrande 浅绿色……1g　深绿色……0.5g

Emmygrande<Colors>　红色……1g　钩针2/0号

果实　2颗 红色

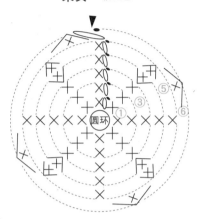

❶第5行塞入线头，整理形状
❷编织线从第6行的4个针脚头针中穿过
❸如果不够膨胀，可以再塞一些线头
❹收紧步骤❷的线头

叶子　1块 深绿色

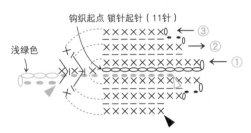

钩织起点 锁针起针（11针）

浅绿色

叶子 ＝在起针锁针里山处钩织第1行
另一侧则是在起针锁针侧内侧半针中钩织
茎、叶脉＝在叶子起针的剩余半针（反面）和中心的短
针中钩织引拔针（●）
接着再用锁针和引拔针钩织茎

花萼　2块 浅绿色

※ 钩织中心的圆环时，在第1行的钩织终点
处稍稍拉紧，穿入茎，再全部收紧。

茎　浅绿色

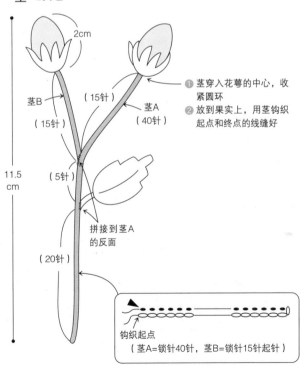

2cm

茎B
（15针）

（15针）

茎A
（40针）

11.5
cm

（5针）

❶茎穿入花萼的中心，收
紧圆环
❷放到果实上，用茎钩织
起点和终点的线缝好

拼接到茎A
的反面

（20针）

钩织起点
（ 茎A＝锁针40针起针
茎B＝锁针15针起针 ）

31

奥林巴斯 Emmygrande
绿色……1g 蕾丝针0号

尺寸……参照图
图片 ➡ P42

叶子

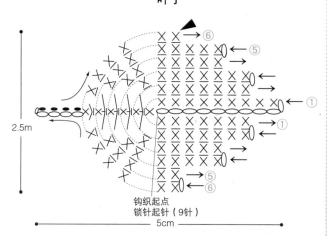

钩织起点
锁针起针（9针）

2.5m

5cm

× =短针的棱针

=在"上一行的外侧半针"中织入1针短针、4针锁针、立起的1针锁针，在锁针的里山中织入引拔针4针、在""中织入1针短针

32

奥林巴斯 Emmygrande 茶色、米褐色……各1g
填充棉……少许 蕾丝针0号

尺寸……参照图
图片 ➡ P42

果实的针数表

行数	针数	加减针数	
10	6	−6	← 塞入填充棉
9	12	−6	
5~8	18		
4	18	+6	
3	12	+6	
1、2	6		

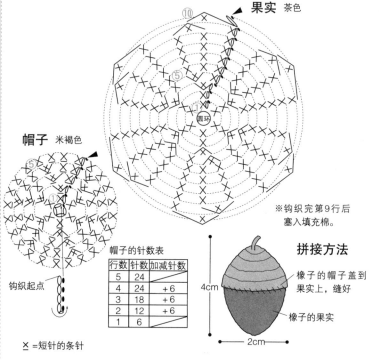

果实 茶色

帽子 米褐色

钩织起点

帽子的针数表

行数	针数	加减针数
5	24	
4	24	+6
3	18	+6
2	12	+6
1	6	

× =短针的条针

※钩织完第9行后塞入填充棉。

拼接方法

4cm

2cm

橡子的帽子盖到果实上，缝好

橡子的果实

41

Diamond编织线 Master Seed Cotton <Crochet>
绿色、蓝色、紫色……各1g 蕾丝针0号

尺寸……参照图
图片 ➡ P45

翅膀 大

翅膀 小

=钩织起点
锁针起针（4针）

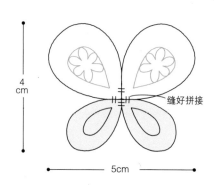

4cm

缝好拼接

5cm

配色表

	行数	颜色
翅膀大	①·②	蓝色
	③	绿色
小	①·②	紫色

36

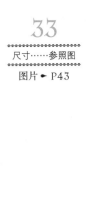

33

尺寸……参照图

图片 ► P43

浜中　Exceed Wool M<中细>　紫色……2g

酒红色、绿色……各1g　钩针3/0号

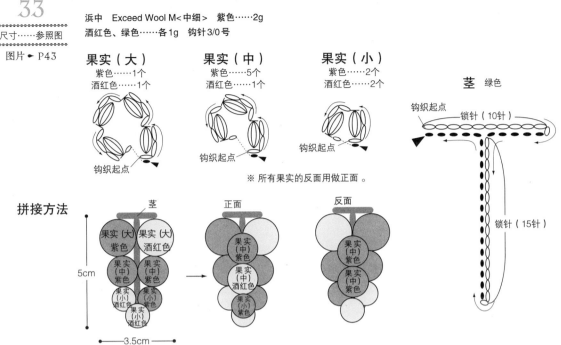

果实（大）
紫色……1个
酒红色……1个

果实（中）
紫色……5个
酒红色……1个

果实（小）
紫色……2个
酒红色……2个

茎　绿色

钩织起点
锁针（10针）

锁针（15针）

钩织起点

钩织起点

钩织起点

※ 所有果实的反面用做正面。

拼接方法

茎

正面

反面

果实（大）紫色　果实（大）酒红色

果实（中）紫色　果实（中）紫色

果实（中）紫色　果实（中）紫色

果实（小）酒红色　果实（小）酒红色

果实（小）酒红色

果实（中）紫色

果实（中）酒红色

果实（小）紫色

5cm

3.5cm

34

尺寸……参照图

图片 ► P43

浜中　Silk Mahair Parfit<渐变色>

绿色……1g　钩针2/0号

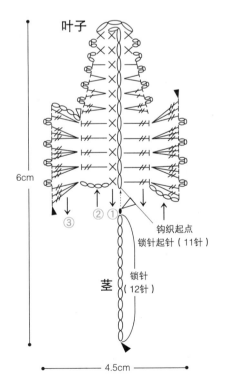

叶子

6cm

钩织起点
锁针起针（11针）

③　②　①

茎　锁针（12针）

4.5cm

35

高7.5cm

图片 ► P43

重点课程 ► P4

奥林巴斯　Emmygrande<Herbs>　黄色系……2g

绿色系……少许　蕾丝针2号

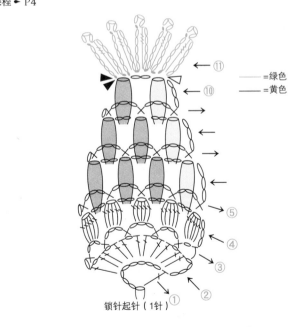

⑪

⑩

= 绿色

= 黄色

⑤

④

③

②

①

锁针起针（1针）

将上一行的织片包住
同时把上两行的2针锁针成束挑起
钩织长针5针的爆米花针（参照P110）

钩织方法参照P4

36

尺寸……参照图
图片 ► P44

奥林巴斯 Emmygrande
蓝色……1g
钩针2/0号

主体 2块

同样的织片钩织2
块，正面朝外相对
合拢，周围卷缝

①钩织起点

圆环

②钩织起点

③钩织起点

1.5cm

2.3cm

3.5cm

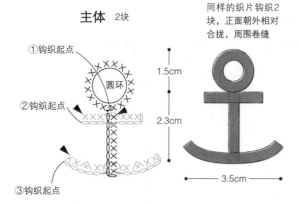

37

尺寸……参照图
图片 ► P44

奥林巴斯　Emmygrande<Colors>
深蓝色……2g　浅蓝色……1g
蕾丝针2号

主体

——=深蓝色
——=浅蓝色

⑥①
⑥⓪
⑤⑤
⑤⓪
⑤
⑤
④⑤
④⓪
③⑤
③⓪
②⑤
②⓪
①⑤
①⓪
⑤
①

钩织起点

12cm

8cm

拼接方法

打固定结

38

尺寸……参照图
图片 ► P44

奥林巴斯　Emmygrande<Colors>
白色、黑色……各少许　Emmygrande<Herbs>
黄色……少许　蕾丝针2号

反面 黄色

※ 表带拼接到表盘处，之后钩织反面。第3
行的钩织方法参照下图拼接方法的反面。

表盘　——=白色
　　　　——=黄色

圆环
③
②
①

圆环
①②③

表带 黑色

上侧

下侧

钩织起点
锁针起针（5针）

钩织起点
锁针起针（9针）

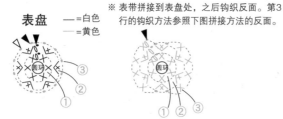

拼接方法

正面　穿引渡线（黄色）　反面

1.5cm

2cm

3cm

表带缝到表盘的
第2行处

长针与短针
直线缝针迹
（参照P111）黑色

反面的第3行与
表盘的第2行重
叠钩织表带部分
为引拔针

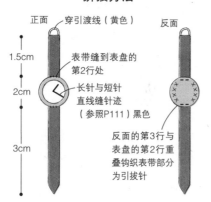

奥林巴斯 Emmygrande<Colors> 红色……4g

Emmygrande 本白色……1g, 绿色、黄色……各少许

Emmygrande<Herbs> 茶色……少许

TOHO s饰花别针(黑色)……1颗 蕾丝针0号

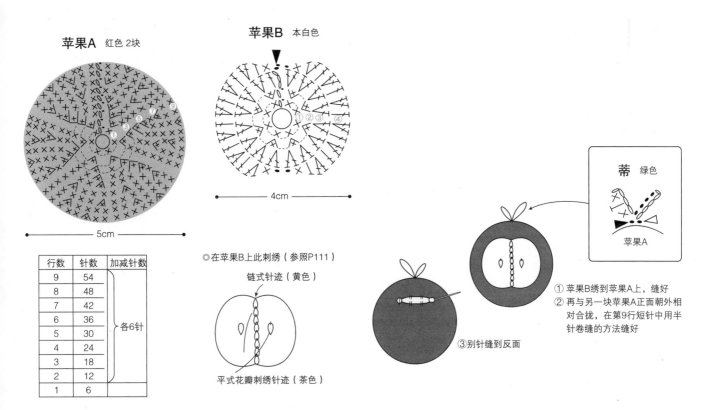

苹果A 红色 2块

5cm

苹果B 本白色

4cm

行数	针数	加减针数
9	54	
8	48	
7	42	
6	36	各6针
5	30	
4	24	
3	18	
2	12	
1	6	

◎在苹果B上作此刺绣(参照P111)

链式针迹(黄色)

平式花瓣刺绣针迹(茶色)

蒂 绿色

苹果A

① 苹果B绣到苹果A上,缝好

② 再与另一块苹果A正面朝外相对合拢,在第9行短针中用半针卷缝的方法缝好

③别针缝到反面

奥林巴斯 Emmygrande 绿色……2g 红色……1g

TOHO 饰花别针(黑色)……1颗 蕾丝针0号

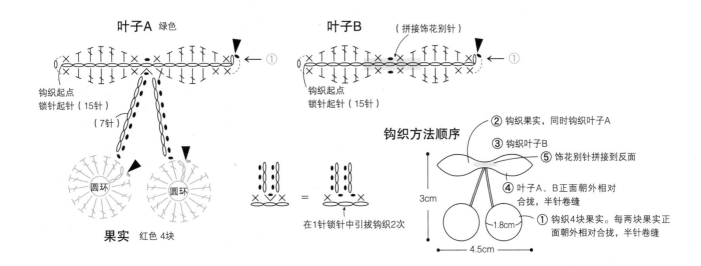

叶子A 绿色

钩织起点
锁针起针(15针)

(7针)

圆环 圆环

果实 红色 4块

叶子B

(拼接饰花别针)

钩织起点
锁针起针(15针)

在1针锁针中引拔钩织2次

钩织方法顺序

② 钩织果实,同时钩织叶子A

③ 钩织叶子B

⑤ 饰花别针拼接到反面

④ 叶子A、B正面朝外相对合拢,半针卷缝

① 钩织4块果实。每两块果实正面朝外相对合拢,半针卷缝

3cm

4.5cm

1.8cm

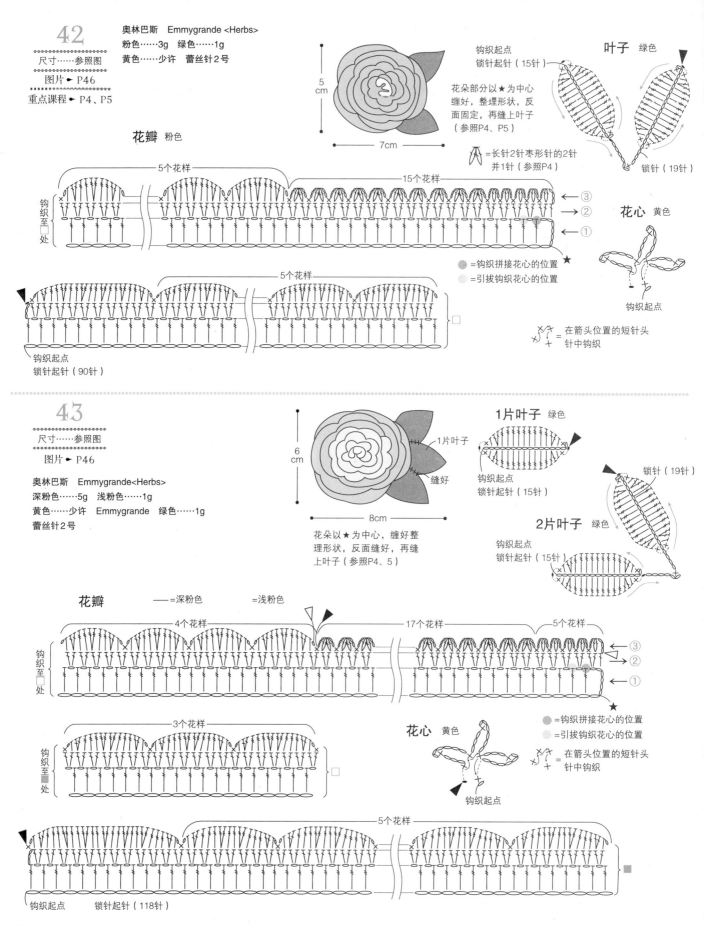

42

ᆞᆞᆞᆞᆞᆞᆞᆞᆞᆞ
尺寸……参照图
ᆞᆞᆞᆞᆞᆞᆞᆞᆞᆞ
图片 ► P46
ᆞᆞᆞᆞᆞᆞᆞᆞᆞᆞ
重点课程 ► P4、P5

奥林巴斯　Emmygrande <Herbs>
粉色……3g　绿色……1g
黄色……少许　蕾丝针2号

5cm

7cm

花朵部分以★为中心缠好，整理形状，反面固定，再缝上叶子（参照P4、P5）

钩织起点
锁针起针（15针）

叶子　绿色

锁针（19针）

= 长针2针枣形针的2针并1针（参照P4）

花心　黄色

钩织起点

= 钩织拼接花心的位置
= 引拔钩织花心的位置 ★

花瓣　粉色

5个花样

15个花样

③
②
①

钩织至□处

5个花样

钩织起点
锁针起针（90针）

= 在箭头位置的短针头针中钩织

43

ᆞᆞᆞᆞᆞᆞᆞᆞᆞᆞ
尺寸……参照图
ᆞᆞᆞᆞᆞᆞᆞᆞᆞᆞ
图片 ► P46
ᆞᆞᆞᆞᆞᆞᆞᆞᆞᆞ

奥林巴斯　Emmygrande<Herbs>
深粉色……5g　浅粉色……1g
黄色……少许　Emmygrande 绿色……1g
蕾丝针2号

6cm

8cm

花朵以★为中心，缠好整理形状，反面缝好，再缝上叶子（参照P4、5）

1片叶子
缝好

1片叶子　绿色

钩织起点
锁针起针（15针）

锁针（19针）

2片叶子　绿色

钩织起点
锁针起针（15针）

花瓣　　—=深粉色　　=浅粉色

4个花样

17个花样

5个花样

③
②
①

钩织至□处

★

花心　黄色

钩织起点

= 钩织拼接花心的位置
= 引拔钩织花心的位置

= 在箭头位置的短针头针中钩织

3个花样

钩织至■处

5个花样

钩织起点　锁针起针（118针）

40

PART II
花样、饰花

用途多样，种类丰富，充满想象力，让人心动不已。
这里向大家介绍的都是既漂亮又实用的作品。

27　28

27、28 紫云英迷你相框
自己喜欢的相框中加入应季的花朵，每季更替，乐趣无穷。
制作方法 **P34**

29

30

29、30　草莓花朵书签

钩织出长长的花茎，制作成书签。
再加上自己喜欢的果实。

制作方法　29/P34　30/P35

31

32

31、32　橡子钥匙扣

小花样最适合制作钥匙扣。

制作方法　P36

34
叶子

33
葡萄

33、34 红酒瓶装饰

送给朋友的礼物，独具匠心。
制作方法 P37

35

35 午餐盒上添加水果

凤梨花样与纸质材质的组合非常漂亮。
制作方法 P37

36 上衣的单点花样

海锚的花样装点出海军风。

制作方法 P38

37、38 男孩物品手机链

把每天的心情化作不同款式的手机链，随身携带。

制作方法 P38

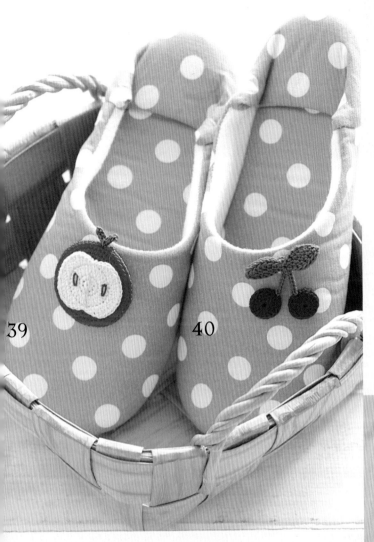

39

40

39、40 拼接个性标记

在自己的居家鞋上加入手工制作的花样。

制作方法 P39

41

41 添加简单的蝴蝶

把根据房间的色调钩织而成的花样缝在拖鞋上做点缀。

制作方法 P36

42

43

42、43 手提包装饰

颇具存在感的饰花，拼接到简单的手提包上，透露出几分华丽。

制作方法 P40

44
花

45
野玫瑰果

46
叶子

44、45、46 围巾上添加几分华丽

可按自己的喜好选择花样的组合，以作为围巾的单个装饰花样。

制作方法 P57

47

47 立体花样点缀

把自己喜欢的花样拼接到阿拉伯式拖鞋上，让房间中充满温馨感。

制作方法 P58

48

I8

I8、48 蔷薇衣架

简单的衣架与饰花重叠，用做室内装饰物。

制作方法 I8/P30 48/P58

49

50

49、50　茉莉花小包

每天使用的小物件上加入自己喜欢的花样，时尚漂亮。

制作方法 **P59**

5I、52 53　甘菊项链

花样缝到线上，在加入链子后便可制作成项链。

制作方法　5I、53/P59 52/P60

53
叶子

5I
花蕾

52b
甘菊b

52a
甘菊a

54 、55 、56 精美的包装

让人心情愉悦的礼物包装。

制作方法 54/P60 55、56/P6I

54   55   56

57、58 餐桌搭配

让招待宾客的餐桌更华丽一些。

制作方法 P62

57   58

63

62

6I

64

65

60

59、60、6I、62、63、64、65
花朵卡片

把包含内心祝福的卡片送给最重要的人。

制作方法　60/P62　59、6I、62、63/P63　64、65/P64

66、67、68、69、70
四季卡片

盛夏明信片中加入几分趣味。

制作方法　66/P64　67、68、70/P65　69/P66

68

70

67

66

69

7I

7I 儿童节

鲤鱼旗贴到不同颜色的纸上，制作出可爱的壁挂。

制作方法 P66

72、73、74、75
正月装饰

小巧的正月装饰放到玄关处，欢迎各位朋友。

制作方法 72/P66 73、74/P67 75/P68

76 圣诞花装饰

简单的手套上加入颜色鲜明的花样。
制作方法 **P68**

77、78 添加立体蓬松的心形

包装上花点心思，表达自己的心意。
制作方法 **P68**

83a
星星装饰

79
袜子

80
大号蜡烛

8I
小号蜡烛

83b
星星装饰b

82
圆形装饰

79、80、8I、82、83

圣诞装饰物

琳琅满目的花样，让圣诞树更可爱。

制作方法 **79~82/P69 83/P70**

84、85 享受爬山虎的多变颜色

杯垫与餐巾上加入花样，相互搭配。
五颜六色的厨房套装。

制作方法 P70

86 薰衣草装饰

围裙的口袋处缝上花样，增添趣味。

制作方法 P7I

尺寸……参照图

图片 ← P47

奥林巴斯 Emmygrande<Herbs>
粉色……0.5g 橙色……少许
钩针2/0号

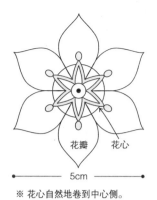

花瓣 花心

5cm

※ 花心自然地卷到中心侧。

配色
①～③ 黄色
④ 橙色
⑤·⑥ 粉色

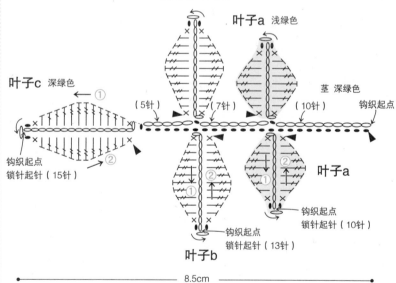

= 从第3行的外侧开始，在第2行的短针中钩织

45

尺寸……参照图

图片 ← P47

奥林巴斯
Emmygrande<Colors>
红茶色……0.5g
Emmygrande
绿色……0.5g
Emmygrande<Herbs>
茶色……少许
钩针2/0号

行数	针数	增减针数	配色
10	6		茶色
7~9	6		
6	6	−6	
3~5	12		红茶色
2	12	+6	
1	6		

塞入线头

果实 3个

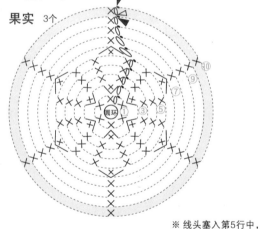

圆环

※ 线头塞入第5行中，
使其膨胀。

2.5 cm

茎 绿色

锁针（10针）

2 cm

⌒……在此针中引拔钩织2次

46

尺寸……参照图

图片 ← P47

奥林巴斯 Emmygrande 深绿色……1g
浅绿色……0.3g 钩针3/0号

叶子b 深绿色

叶子a 浅绿色

叶子c 深绿色

①

（5针）（7针）

茎 深绿色

（10针）

钩织起点

钩织起点
锁针起针（15针）

②

②

叶子a

钩织起点
锁针起针（10针）

①

②

钩织起点
锁针起针（13针）

叶子b

8.5cm

※ 先钩织叶子a、b、c，再钩织茎，同时用引拔针拼接叶子。
※ 钩织a、b、c时，均是在第1行时挑起里山，第2行则是将外侧的半针挑起再继续
钩织。
※ 将锁针的里山挑起钩织茎的引拔针。

47

尺寸……参照图

图片 ► P47

奥林巴斯 Emmygrande

本白色……2g

钩针2/0号

5cm

◜ =短针的反拉针（参照P110）

✕（第2行）＝将第1行短针的内侧半针挑起后钩织

✕（第3行）＝将第1行短针的外侧半针挑起后钩织

48

尺寸……参照图

图片 ► P48

奥林巴斯 Emmygrande 浅粉色、深粉色、粉紫色、
绿色……各1g

Emmygrande<Herbs> 茶色……1g

钩针2/0号、4/0号

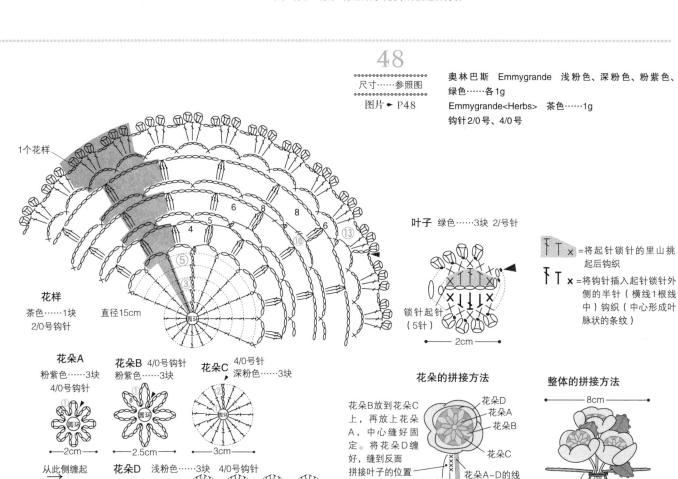

1个花样

花样

茶色……1块
2/0号钩针

直径15cm

叶子 绿色……3块 2/号针

锁针起针
（5针）

2cm

▰▰ ＝将起针锁针的里山挑
起后钩织

＝将钩针插入起针锁针外
侧的半针（横线1根线
中）钩织（中心形成叶
脉状的条纹）

花朵A 4/0号钩针
粉紫色……3块
4/0号钩针

2cm

花朵B 4/0号钩针
粉紫色……3块

2.5cm

花朵C 4/0号针
深粉色……3块

3cm

花朵的拼接方法

花朵B放到花朵C
上，再放上花朵
A，中心缝好固
定。将花朵D缠
好，缝到反面
拼接叶子的位置

花朵D
花朵A
花朵B

花朵C

（17针）
此部分
为茎

花朵A~D的线
头合拢，底部
打结，用2股
绿色线钩织17
针短针，同时
包住线头

整体的拼接方法

8cm

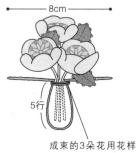

5行

成束的3朵花用花样
包住，然后用茶色线
在花样的第5行打结

从此侧缠起

花朵D 浅粉色……3块 4/0号钩针

花朵的内侧

锁针起针（20针）

花朵A、花朵B、花朵C、花朵D的钩织起点、钩织终
点留出10cm左右的线头

49

尺寸……参照图

图片 ► P49

奥林巴斯
Emmygrande<Herbs>

白色……0.5g

绿色……少许

蕾丝针0号

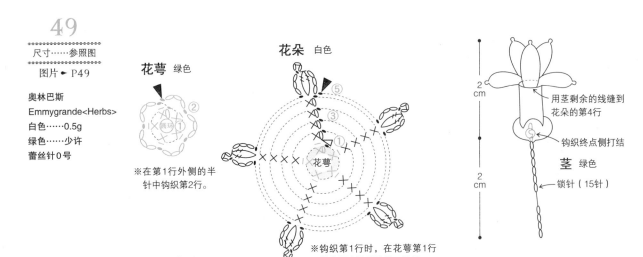

花萼 绿色

※在第1行外侧的半针中钩织第2行。

花朵 白色

花萼

※钩织第1行时，在花萼第1行的内侧半针处接线，钩织。

2cm

2cm

用茎剩余的线缝到花朵的第4行

钩织终点侧打结

茎 绿色

锁针（15针）

50

尺寸……参照图

图片 ► P49

奥林巴斯　Emmygrande<Herbs>

绿色……1.5g

Emmygrande　茶色……少许

蕾丝针0号

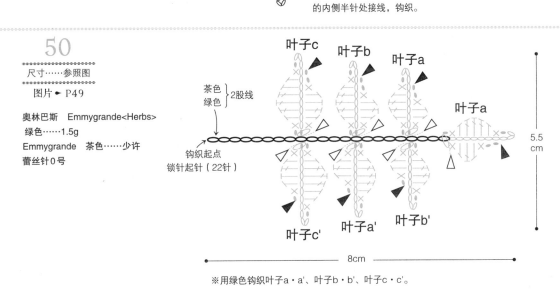

叶子c　叶子b　叶子a

叶子a

茶色
绿色
}2股线

钩织起点
锁针起针（22针）

5.5cm

叶子c'　叶子a'　叶子b'

8cm

※用绿色钩织叶子a·a'、叶子b·b'、叶子c·c'。

51

尺寸……参照图

图片 ► P49

奥林巴斯
Emmygrande
<Herbs>

绿色……0.5g

Emmygrande
本白色……少许

蕾丝针0号

花蕾与花萼

※先钩织花蕾与花萼，从第6行开始继续钩织茎。

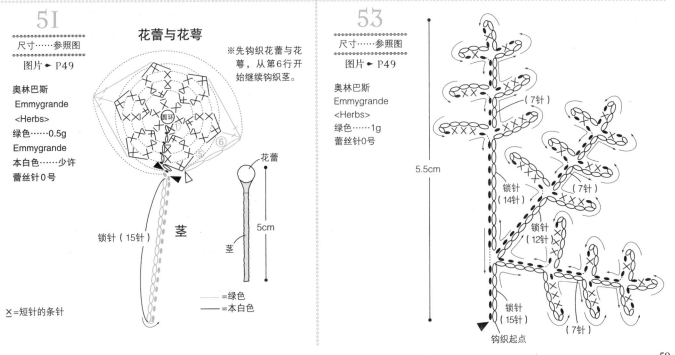

锁针（15针）

茎

花蕾

茎

5cm

×＝短针的条针

——＝绿色
——＝本白色

53

尺寸……参照图

图片 ► P49

奥林巴斯
Emmygrande
<Herbs>

绿色……1g

蕾丝针0号

（7针）

5.5cm

（7针）

锁针
（14针）

锁针
（12针）

锁针
（15针）

锁针
（15针）

（7针）

钩织起点

52

尺寸……参照图
图片 ➤ P49

a：奥林巴斯　Emmygrande<Herbs>　绿色……0.5g
Emmygrande　本白色、黄色……各少许
b：奥林巴斯　Emmygrande<Herbs>　绿色……0.5g
Emmygrande　本白色、黄色……各少许
蕾丝针0号

※花朵的中心部分（①~⑤）用黄色线钩织。
　接上绿色线，钩织花萼（⑥），接着再钩织
　茎，花萼部分，用本白色线在第5行钩织拼接
　12块。

※花朵的中心部分（①~⑤）用黄色线钩织。
　接上绿色线，钩织花萼（⑥），接着再钩织茎。
　花萼部分，用本白色线在第5行钩织拼接6块。

花萼和茎

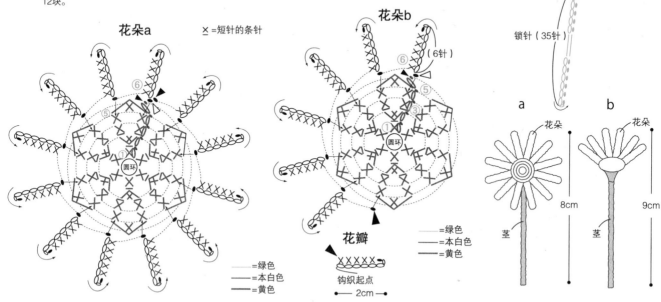

花朵a　　　✕ =短针的条针

花朵b

锁针（35针）

花瓣
钩织起点
2cm

=绿色
——=本白色
——=黄色

=绿色
——=本白色
——=黄色

a　　花朵　　　b　　花朵

8cm　　　9cm

茎　　　茎

54

尺寸……参照图
图片 ➤ P50

奥林巴斯
Emmygrande<Herbs>
米褐色……2g
茶色……1g
Fairy Silk
本白色……1g
花艺用铁丝（#30）……18cm
TOHO 饰花别针
（黑色）……1个
钩针2/0号

果实 2个 Fairy Silk 本白色

叶子 2根
<Herbs>米褐色

钩织★位置的 — 时，在叶子
a、c的短针中引拔钩织

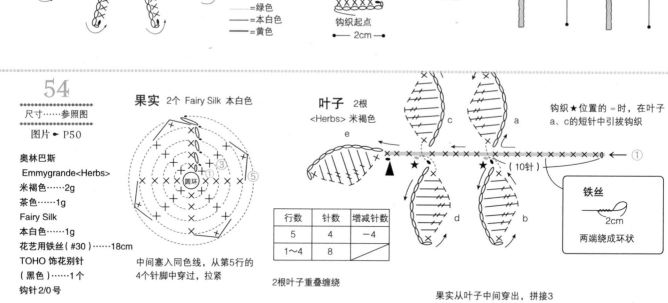

中间塞入同色线，从第5行的
4个针脚中穿过，拉紧

铁丝
2cm
两端绕成环状

行数	针数	增减针数
5	4	-4
1~4	8	

2根叶子重叠缠绕

花萼 3块
<Herbs> 茶色

拼接
果实与花萼拼接

果实（Fairy Silk 本白色）
2cm
花萼（果实塞入其中，
缝好拼接）
1cm
茎（缝到花萼上）
<Herbs> 茶色

果实从叶子中间穿出，拼接3
根茎，固定在反面

饰花别针拼接到反面

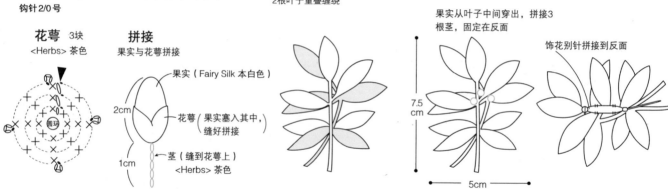

7.5
cm

5cm

55

尺寸……参照图
图片 ► P50

奥林巴斯 Emmygrande<Herbs> 粉色……2g 绿色、黄色……各少许
花艺用铁丝（#30）……14cm TOHO 饰花别针（黑色）……1颗 钩针2/0号

花朵（大）3块 粉色

— 3.5cm —

花环 绿色

圆环
3cm
铁丝

（40针）

※ 长14cm的铁丝缠成直径3cm
的圆环。
从中间穿出线，包住钩织。

花朵（小）3块 粉色

— 2cm —

叶子 8块 绿色

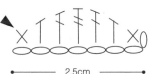

— 2.5cm —

拼接方法

大、小花朵重叠，中心用黄色线
刺绣出缠5圈的法式结粒刺绣针
迹（参照P111），刺绣3次

正面

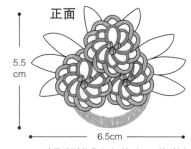

反面

5.5cm

— 6.5cm —

叶子缝到花朵上（3块2组，2块1针）
花朵缝到花环上
饰花别针缝到反面

56

尺寸……参照图
图片 ► P50

奥林巴斯 Emmygrande 黄色、绿色……各2个
绿色……1g Fairy Silk 本白色……1g
酒椰纤维（本白色）……30cm 花艺用铁丝（#30）……60cm
填充棉……少许 毛毡（橄榄绿）……0.5cm×3.5cm
TOHO 饰花别针（银色）……1颗 蕾丝针0号

叶子 1块

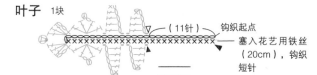

（11针）钩织起点
塞入花艺用铁丝
（20cm），钩织
短针

蒲公英A 黄色 1块
蒲公英B 黄色 1块
蒲公英C 黄色 1块

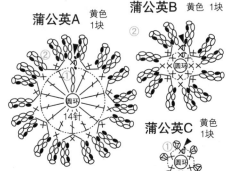

圆环
14针

绒毛的针数表

行数	针数	增减针数
10	8	-4
9	12	-6
8	18	-3
5~7	21	
4	21	+3
3	18	+6
2	12	+6
1	6	

※反面用做正面。
※塞入填充棉，然后
从最终行的针脚中
穿入线头，收紧。

绒毛 Fairy Silky 本白色

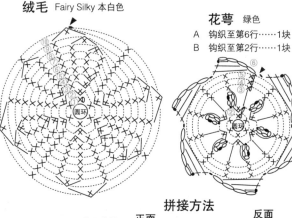

圆环

花萼 绿色

A 钩织至第6行……1块
B 钩织至第2行……1块

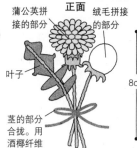

蒲公英的拼接方法

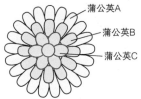

蒲公英A
蒲公英B
蒲公英C

※蒲公英B放到蒲公英A上，再在
上面放蒲公英C，中心固定。

蒲公英
花艺用铁丝
（20cm）
圆形
毛毡
<蒲公英的拼接>1根
花萼A
茎（20针）
绿色

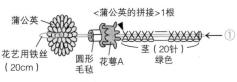

绒毛
花艺用铁丝
（20cm）
<绒毛的拼接>1根
花萼B
茎（20针）
绿色

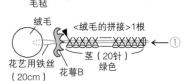

拼接方法

蒲公英拼
接的部分
正面
绒毛拼接
的部分
反面

叶子

茎的部分
合拢。用
酒椰纤维
打结

8cm

拼接饰
花别针

— 7cm —

基底

共通编织图

织入指定的行数

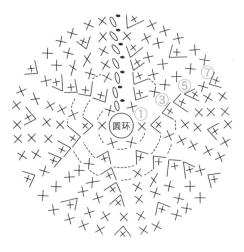

尺寸……参照图

图片 ➡ P50

奥林巴斯 Emmygrande 绿色……2g 粉色、紫色……各少许
Emmygrande<Colors> 蓝色、蓝紫色……各少许
TOHO 饰花别针（黑色）……1颗 蕾丝针0号

基底 绿色

钩织方法见左图，钩织5行

叶子 绿色 3块

（12针）

约3.5cm

钩织起点
织入锁针（12针）

拼接方法

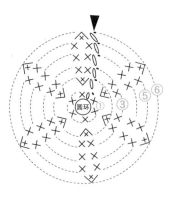

6.5cm

6.5cm

叶子、花朵缝到基底上，再在反面拼接饰花别针

花朵 3块

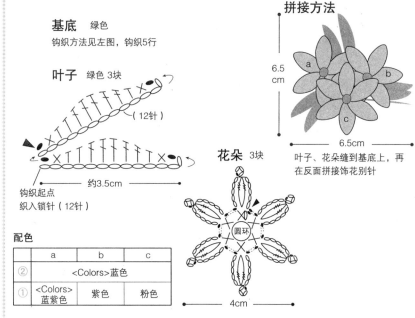

4cm

配色

	a	b	c
②	<Colors>蓝色		
①	<Colors>蓝紫色	紫色	粉色

尺寸……参照图

图片 ➡ P50

奥林巴斯 Emmygrande
浅绿色……2g 深绿色……1g
TOHO 饰花别针（黑色）……1颗
钩针2/0号

四叶草 3块 浅绿色

三叶草 3块 (深绿色=2块 浅绿色=1块)

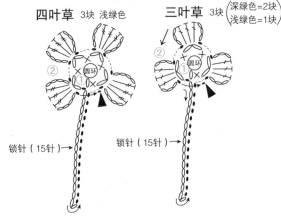

锁针（15针）➡

锁针（15针）➡

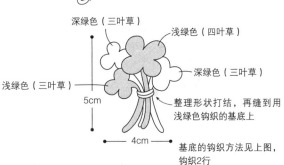

深绿色（三叶草）

浅绿色（四叶草）

深绿色（三叶草）

浅绿色（三叶草）

5cm

整理形状打结，再缝到用浅绿色钩织的基底上

4cm

基底的钩织方法见上图，
钩织2行

☆饰花别针缝到基底的反面

尺寸……参照图

图片 ➡ P50

奥林巴斯
Emmygrande<Colors> 蓝色……3g
Emmygrande<Herbs> 茶色……1g
浆洗液……少许
填充棉……少许
TOHO 饰花别针（黑色）……1颗
钩针2/0号

枝干 4根 <Herbs> 茶色

40cm（20针）

钩织起点 锁针起针（20针）

果实 4颗 <Colors> 蓝色

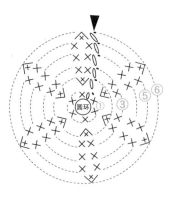

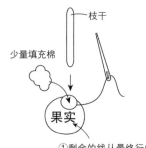

枝干

少量填充棉

果实

①剩余的线从最终行的所有针脚中穿过

②枝干稍稍塞入果实中，收紧线后缝合

拼接

①4根一起用短针包住钩织

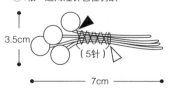

3.5cm

（5针）

7cm

②整理形状，涂上浆洗液晾干

③饰花别针缝到反面的短针处

59

尺寸……参照图
图片 ► P51

奥林巴斯　Emmygrande<Colors>
绿色……2g　TOHO 饰花别针（黑色）……1颗
浆洗液……少许　钩针2/0号

☆用熨斗整理形状之后，将饰
花别针拼接到反面
☆反面涂上浆洗液，晾干

拼接饰花别针
的位置

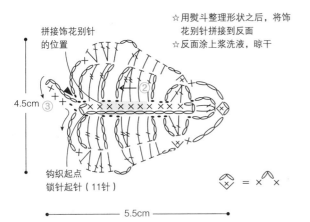

4.5cm

钩织起点
锁针起针（11针）

5.5cm

$= \times \wedge \times$

62

直径5.5cm
图片 ► P51

奥林巴斯　Emmygrande<Colors>　本白色……2g
Emmygrande<Herbs>　黄色、绿色……各1g
TOHO 饰花别针（银色）……1颗
钩针2/0号

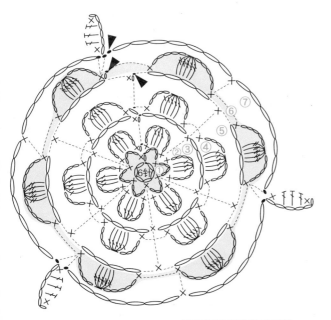

6针

饰花别针缝到反面中央

行数	配色
7	<Herbs>绿色
6	<Herbs>黄色
5	本白色
4	本白色
3	本白色
2	本白色
1	<Herbs>黄色

61

尺寸……参照图
图片 ► P51

奥林巴斯　Emmygrande　茶色……1g
本白色、粉色、黄色……各少许
TOHO 饰花别针（银色）……1颗
蕾丝针0号

花朵　3块

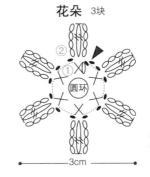

圆环

3cm

配色

行数	a	b	c
②	粉色	本白色	茶色
①	黄色		

拼接方法

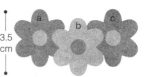

3.5cm

6cm

花朵从左侧开始一次将a、b、c放
到基底上，缝好
饰花别针缝到反面

基底　茶色

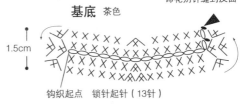

1.5cm

钩织起点　锁针起针（13针）

4cm

63

直径6cm
图片 ► P51

奥林巴斯　Emmygrande<Herbs>　白色……5g
Emmygrande<Kasuri>　绿色……少许
TOHO 饰花别针（银色）……1颗　钩针2/0号

饰花别针缝到反面

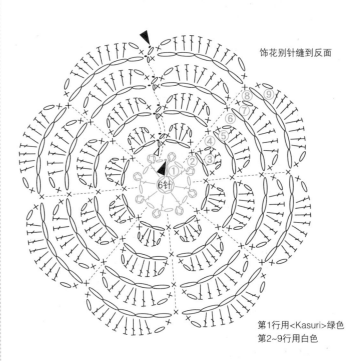

6针

第1行用<Kasuri>绿色
第2~9行用白色

63

64

尺寸……参照图 奥林巴斯 Emmygrande 深黄色……2g 浅黄色……少许 Emmygrande<Colors>
图片 ► P5I 红茶色……少许 TOHO 饰花别针（银色）……1颗 蕾丝针0号

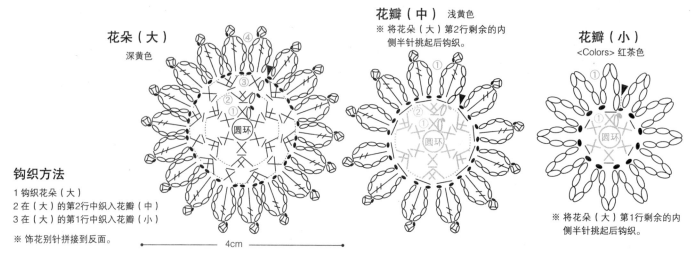

花朵（大）
深黄色

花瓣（中） 浅黄色
※ 将花朵（大）第2行剩余的内侧半针挑起后钩织。

花瓣（小）
<Colors> 红茶色

※ 将花朵（大）第1行剩余的内侧半针挑起后钩织。

钩织方法

1 钩织花朵（大）
2 在（大）的第2行中织入花瓣（中）
3 在（大）的第1行中织入花瓣（小）

※ 饰花别针拼接到反面。

✕=短针的条针

65

尺寸……参照图 奥林巴斯 Emmygrande
图片 ► P5I 深黄色、浅黄色、绿色……各少许
TOHO 饰花别针（银色）……1颗
蕾丝针0号

66

尺寸……参照图 奥林巴斯 Emmygrande<Herbs> 米褐色……少许
图片 ► P5I a：Emmygrande<Colors> 绿色……少许
b：Emmygrande<Colors> 橙色……少许
c：Emmygrande<Herbs> 红色……少许
钩针2/0号

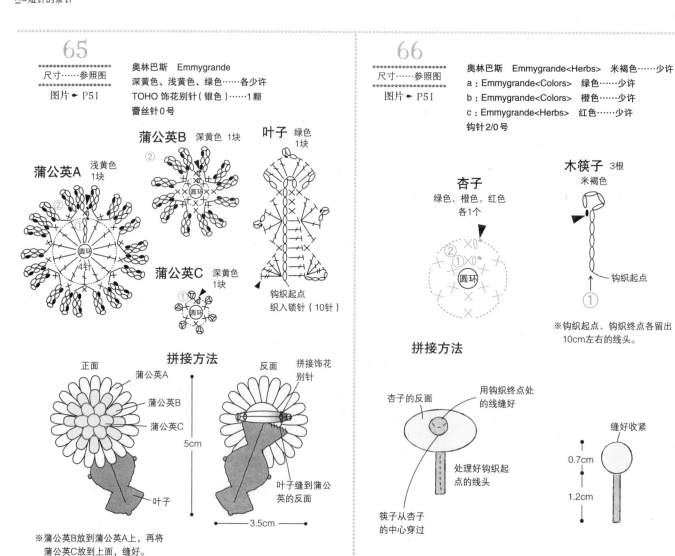

蒲公英A 浅黄色 1块
蒲公英B 深黄色 1块
蒲公英C 深黄色 1块
叶子 绿色 1块

钩织起点 织入锁针（10针）

杏子
绿色、橙色、红色 各1个

木筷子 3根
米褐色

钩织起点

※钩织起点、钩织终点各留出10cm左右的线头。

拼接方法

正面
蒲公英A
蒲公英B
蒲公英C
叶子

反面
拼接饰花别针
叶子缝到蒲公英的反面

5cm
3.5cm

※蒲公英B放到蒲公英A上，再将蒲公英C放到上面，缝好。

拼接方法

杏子的反面
用钩织终点处的线缝好
处理好钩织起点的线头
筷子从杏子的中心穿过

缝好收紧
0.7cm
1.2cm

67

尺寸……参照图
图片 ← P51
奥林巴斯 Emmygrande<Colors>
红色、绿色……各少许　填充棉……少许
钩针2/0号

固定方法

瓶子　绿色

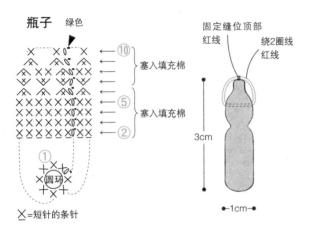

← ⑩
塞入填充棉
← ⑤
塞入填充棉
← ②
① 圆环

固定缝位顶部
红线
绕2圈线
红线

3cm

←1cm→

✕=短针的条针

68

尺寸……参照图
图片 ← P51
奥林巴斯 Emmygrande 米褐色……少许
Emmygrande<Colors>蓝色……少许
钩针2/0号

主体

=蓝色
=米褐色

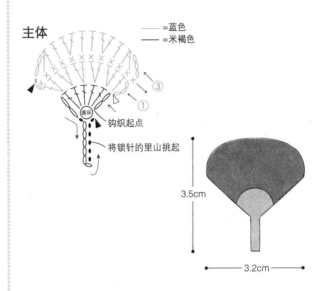

③
①
圆环
钩织起点
将锁针的里山挑起

3.5cm

3.2cm

70

尺寸……参照图
图片 ← P51

奥林巴斯 Emmygrande<Mix>
紫粉色……1.5g Emmygrande<Colors>
红色、橙色……各少许
钩针2/0号

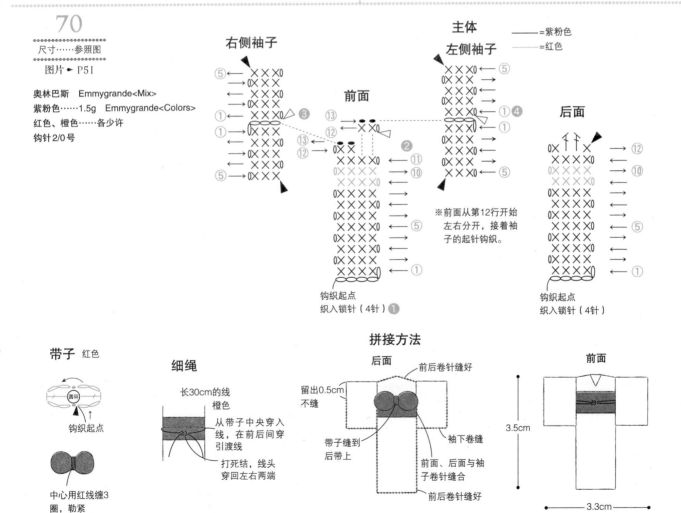

右侧袖子

主体
左侧袖子
=紫粉色
=红色

前面

后面

※前面从第12行开始
左右分开，接着袖
子的起针钩织。

钩织起点
织入锁针（4针）

钩织起点
织入锁针（4针）

带子　红色

圆环
钩织起点

中心用红线缠3
圈，勒紧

细绳

长30cm的线
橙色

从带子中央穿入
线，在前后间穿
引渡线

打死结，线头
穿回左右两端

拼接方法

后面

前后卷针缝好
留出0.5cm
不缝
带子缝到
后带上
前面、后面与袖
子卷针缝合
袖下卷缝
前后卷针缝好

前面

3.5cm

3.3cm

尺寸……参照图
图片→P51

奥林巴斯 Emmygrande<Colors>
粉色、红色……各少许
Emmygrande<Herbs>
白色……少许
钩针2/0号

网
—— =白色
—— =粉色

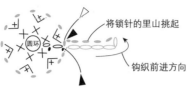

将锁针的里山挑起

圆环

钩织前进方向

金鱼 红色

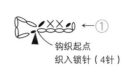

钩织起点
织入锁针（4针）

拼接方法

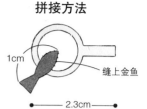

1cm

缝上金鱼

2.3cm

尺寸……参照图
图片→P52
重点课程→P6

奥林巴斯 Emmygrande 粉色、深蓝色、米褐色、黄色……各少许
Emmygrande<Colors> 黑色……少许 Emmygrande<Herbs>
红色、白色……各少许 Emmygrande<Lame> 墨蓝色……少许
钩针2/0号

拼接方法

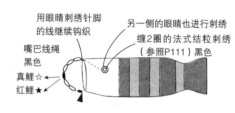

用眼睛刺绣针脚的线继续钩织
另一侧的眼睛也进行刺绣
缠2圈的法式结粒刺绣（参照P111）黑色
嘴巴线绳 黑色
真鲤☆
红鲤★

※在竹竿的☆与★处引拔钩织嘴巴的线绳。

鲤鱼

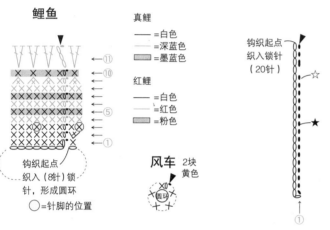

真鲤
—— =白色
—— =深蓝色
▨ =墨蓝色

红鲤
—— =白色
—— =红色
▨ =粉色

钩织起点
织入（8针）锁针，形成圆环
○=针脚的位置

竹竿 米褐色

钩织起点
织入锁针（20针）
☆
★

风车 2块 黄色
圆环

用风车夹住竹竿，内侧缝合
真鲤
5cm
红鲤
4.2cm

尺寸……参照图
图片→P53

奥林巴斯 Emmygrande<Colors> 红色、黑色……各1g
绿色、黄色、紫色……各少许 填充棉……少许 蕾丝针0号

上面
—— =红色
—— =黑色
▨ =紫色
—— =绿色

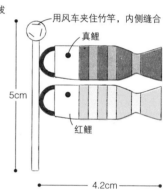

侧面 黑色

✕·🙾 =短针的条针
✕·🙾

⑬
⑨

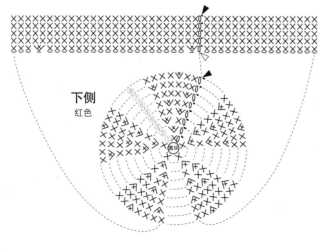

下侧 红色

拼接方法
3.8cm
塞入填充棉，每半针逐一挑起，卷针缝合 黑色
1.5cm
1.5cm
2cm
1.2cm

芯轴上侧 黄色
在上面起针圆环中钩织

芯轴下侧 黄色
在下侧起针的圆环中钩织

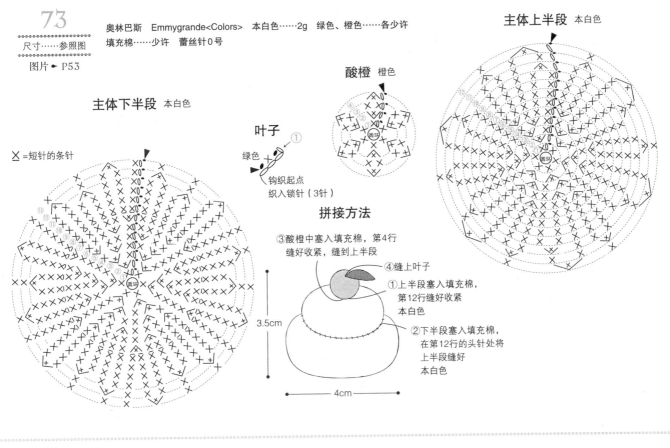

73

尺寸……参照图
图片 ► P53

奥林巴斯　Emmygrande<Colors>　本白色……2g　绿色、橙色……各少许
填充棉……少许　蕾丝针0号

主体上半段　本白色

主体下半段　本白色

✕=短针的条针

酸橙　橙色

叶子

绿色

钩织起点
织入锁针（3针）

拼接方法

③酸橙中塞入填充棉，第4行
缝好收紧，缝到上半段

④缝上叶子

①上半段塞入填充棉，
第12行缝好收紧
本白色

②下半段塞入填充棉，
在第12行的头针处将
上半段缝好
本白色

3.5cm

4cm

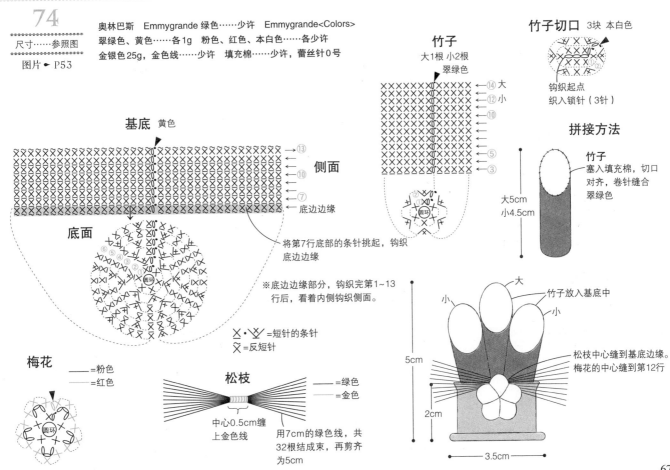

74

尺寸……参照图
图片 ► P53

奥林巴斯　Emmygrande 绿色……少许　Emmygrande<Colors>
翠绿色、黄色……各1g　粉色、红色、本白色……各少许
金银色25g，金色线……少许　填充棉……少许，蕾丝针0号

竹子
大1根 小2根
翠绿色

竹子切口　3块　本白色

钩织起点
织入锁针（3针）

拼接方法

竹子
塞入填充棉，切口
对齐，卷针缝合
翠绿色

大5cm
小4.5cm

基底　黄色

侧面

底边边缘

将第7行底部的条针挑起，钩织
底边边缘

底面

※底边边缘部分，钩织完第1~13
行后，看着内侧钩织侧面。

✕・Ｖ=短针的条针
✕=反短针

梅花
── =粉色
── =红色

松枝
── =绿色
── =金色

中心0.5cm缠
上金色线

用7cm的绿色线，共
32根结成束，再剪齐
为5cm

大
小
小

竹子放入基底中

松枝中心缝到基底边缘。
梅花的中心缝第12行

5cm

2cm

3.5cm

75

奥林巴斯 Emmygrande<Herbs> 粉色、
白色……各少许 金银线……25g
金色线……少许花艺用铁丝（茶色）……30cm
黏合剂……少许
蕾丝针0号

尺寸……参照图
图片 ► P53

年糕 粉色、白色 各6个

拼接方法

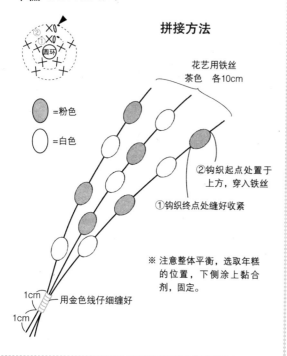

=粉色

=白色

花艺用铁丝
茶色 各10cm

②钩织起点处置于
上方，穿入铁丝

①钩织终点处缝好收紧

1cm
1cm
用金色线仔细缠好

※ 注意整体平衡，选取年糕
的位置，下侧涂上黏合
剂，固定。

76

奥林巴斯 Emmygrande 红色……4g
TOHO 饰花别针（银色）……1颗
直径0.5cm的切割串珠……6颗
蕾丝针0号

高6.5cm
图片 ► P54

花瓣 3块

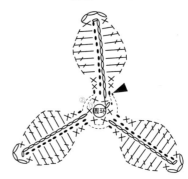

3块花瓣交替重叠，缝好

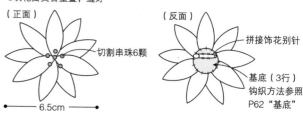

（正面）
切割串珠6颗

（反面）
拼接饰花别针

基底（3行）
钩织方法参照
P62 "基底"

6.5cm

77

奥林巴斯 Emmygrande<Herbs> 粉色……1g
绿色……少许 填充棉……少许
蕾丝针0号

尺寸……参照图
图片 ► P54

主体 2块

=红色
=绿色

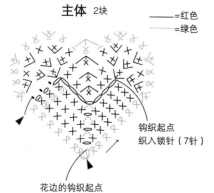

钩织起点
织入锁针（7针）

花边的钩织起点

※ 钩织花边时，将2块主体正面
朝外对齐，将相向短针中心侧
的半针（1根线）分别挑起，
塞入填充棉，钩织。

3cm
3cm

78

奥林巴斯 <Herbs> 绿色……1g 粉色……少许
填充棉……少许 蕾丝针0号

尺寸……参照图
图片 ► P54

主体 2块

=红色
=绿色

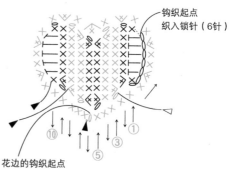

钩织起点
织入锁针（6针）

花边的钩织起点

※钩织花边时，将2块主体正
面朝外相对合拢，塞入填充
棉，钩织。

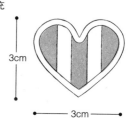

3cm
3cm

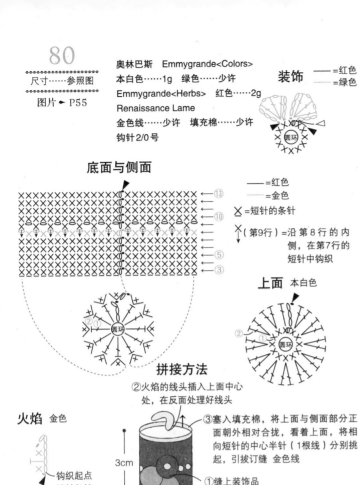

80

尺寸……参照图
图片 ► P55

奥林巴斯 Emmygrande<Colors>
本白色……1g 绿色……少许
Emmygrande<Herbs> 红色……2g
Renaissance Lame
金色线……少许 填充棉……少许
钩针2/0号

装饰
―― =红色
―― =绿色

底面与侧面
←⑬
←⑩
←⑤
←③

―― =红色
―― =金色

✕ =短针的条针

✕ (第9行)=沿第8行的内
侧,在第7行的
短针中钩织

上面 本白色
②
①圆环

火焰 金色
钩织起点
锁针起针
(5针)

拼接方法
②火焰的线头插入上面中心
处,在反面处理好线头
③塞入填充棉,将上面与侧面部分正
面朝外相对合拢,看着上面,将相
向短针的中心半针(1根线)分别挑
起,引拔订缝 金色线
①缝上装饰品

3cm
←2.3cm→

81

尺寸……参照图
图片 ► P55

奥林巴斯 Emmygrande<Colors> 本白色……1g
Emmygrande<Herbs> 红色……2g
Renaissance Lame 金色线……少许
填充棉……少许 钩针2/0号

上面 本白色
②
①圆环

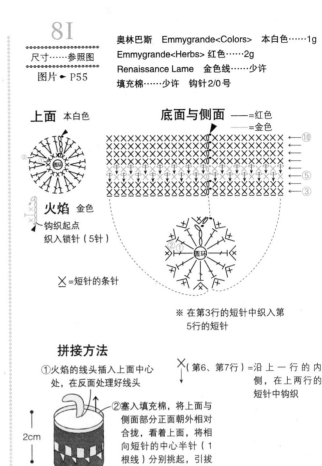

底面与侧面
←⑩
←⑤
←③

―― =红色
―― =金色

火焰 金色
钩织起点
织入锁针(5针)

✕ =短针的条针

※ 在第3行的短针中织入第
5行的短针

✕ (第6、第7行)=沿上一行的内
侧,在上两行的
短针中钩织

拼接方法
①火焰的线头插入上面中心
处,在反面处理好线头
②塞入填充棉,将上面与
侧面部分正面朝外相对
合拢,看着上面,将相
向短针的中心半针(1
根线)分别挑起,引拔
订缝 金色线

2cm
←2.3cm→

79

尺寸……参照图
图片 ► P55

奥林巴斯 Emmygrande<Colors> 本白色……1g
绿色……少许 Emmygrande<Herbs> 红色……1g
钩针2/0号

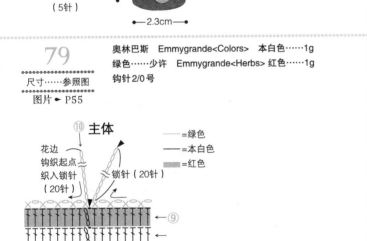

主体
⑩
花边
钩织起点
织入锁针
(20针)
锁针(20针)

―― =绿色
―― =本白色
▨ =红色

←⑨
←⑤
←④
←②
①圆环

拼接方法
锁针的蝴蝶结
4cm
3cm

82

高7.5cm
图片 ► P55

奥林巴斯 Emmygrande<Herbs> 蓝色……1g
红色……少许 Renaissance Lame
金色线……少许 填充棉……少许
钩针2/0号

主体 2块
③
②
①圆环

▨ =金色
―― =蓝色
―― =红色

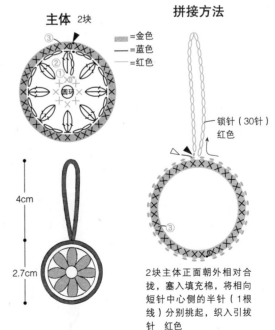

拼接方法
锁针(30针)
红色
③

4cm
2.7cm

2块主体正面朝外相对合
拢,塞入填充棉,将相向
短针中心侧的半针(1根
线)分别挑起,织入引拔
针 红色

69

83

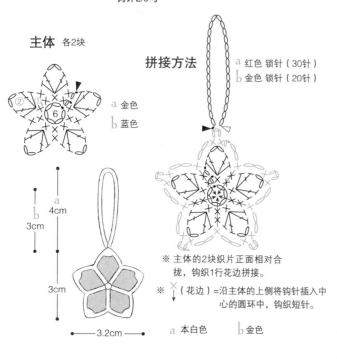

尺寸……参照图
图片 ● P55

a：奥林巴斯　Emmygrande<Colors>
　本白色……少许　Emmygrande<Herb>
　红色……少许　Renaissance Lame
　金色线……少许
b：奥林巴斯　Emmygrande<Herbs>
　蓝色……少许　Renaissance Lame
　金色线……少许
钩针2/0号

主体 各2块

a 金色
b 蓝色

拼接方法

a 红色 锁针（30针）
b 金色 锁针（20针）

a
b
4cm
3cm

3cm

●—3.2cm—●

※ 主体的2块织片正面相对合
　拢，钩织1行花边拼接。

※ ╳ （花边）=沿主体的上侧将钩针插入中
　心的圆环中，钩织短针。

a 本白色　b 金色

84

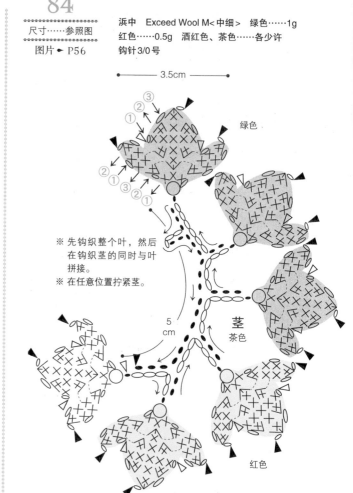

尺寸……参照图
图片 ● P56

浜中　Exceed Wool M<中细>　绿色……1g
红色……0.5g　酒红色、茶色……各少许
钩针3/0号

●—3.5cm—●

绿色

※ 先钩织整个叶，然后
　在钩织茎的同时与叶
　拼接。
※ 在任意位置拧紧茎。

5
cm

茎
茶色

红色

85

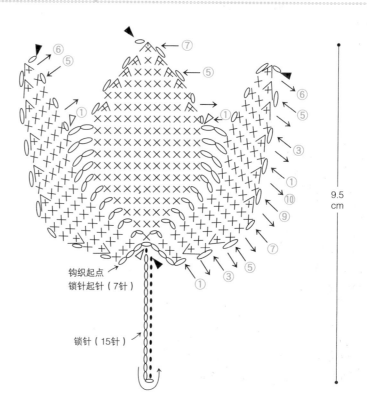

尺寸……参照图
图片 ● P56

浜中　Exceed Wool M<中细>
红色……2g　钩针3/0号

9.5
cm

钩织起点
锁针起针（7针）

锁针（15针）

86

尺寸……参照图
图片 ➡ P56

a：奥林巴斯　Emmygrande<Herbs>
浅紫色……少许　Emmygrande
紫色……少许　绿色……1g
b：奥林巴斯　Emmygrande<Herbs>
深紫色……少许　Emmygrande
绿色……1g
蕾丝针0号

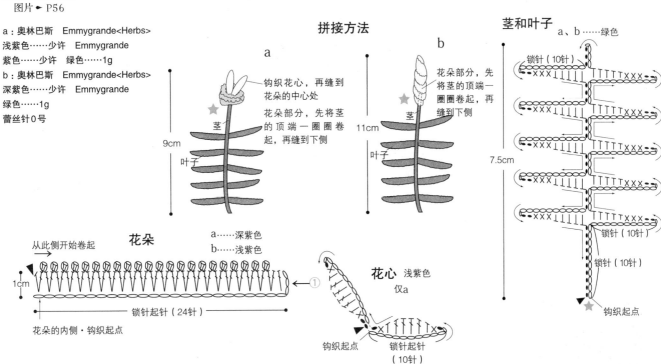

拼接方法

a

钩织花心，再缝到
花朵的中心处

花朵部分，先将茎
的顶端一圈圈卷
起，再缝到下侧

9cm

茎

叶子

b

花朵部分，先
将茎的顶端一
圈圈卷起，再
缝到下侧

11cm

茎

叶子

茎和叶子
a、b……绿色

锁针（10针）

7.5cm

锁针（10针）

锁针（10针）

钩织起点

从此侧开始卷起

花朵

a……深紫色
b……浅紫色

1cm

锁针起针（24针）

花朵的内侧·钩织起点

花心　浅紫色
仅a

钩织起点

锁针起针
（10针）

87

10cm

图片 ➡ P73

奥林巴斯 Emmygrande
本白色……少许　蕾丝针0号

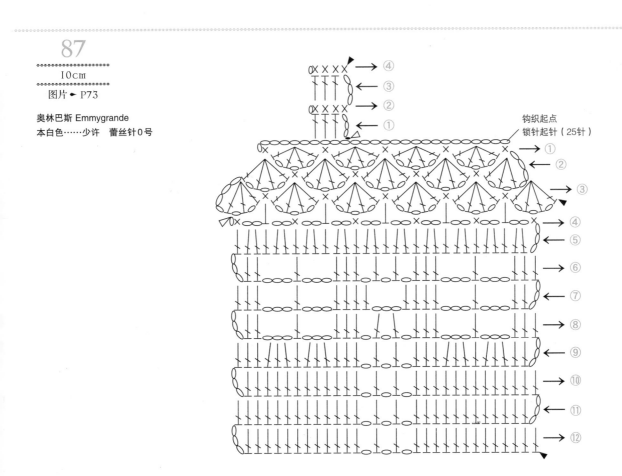

钩织起点
锁针起针（25针）

④
③
②
①

①
②
③
④
⑤
⑥
⑦
⑧
⑨
⑩
⑪
⑫

88

奥林巴斯　Emmygrande　浅粉色、深粉色……各1g
Emmygrande<Herbs> 櫻花粉、米色……各 1g
蕾丝针0号

10cm

图片 ← P74

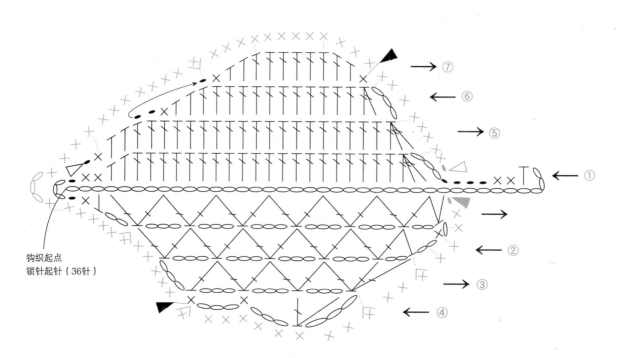

配色表

行数	颜色
⑧·⑨	米色
⑥·⑦	深粉色
④·⑤	櫻花粉
起针·①～③	浅粉色

89

奥林巴斯　Emmygrande　本白色……2g
蕾丝针0号

10cm×7cm

图片 ← P74

钩织起点
锁针起针（36针）

PART III

垫布

可以将多块垫布拼接，或者钩织几款颜色不同的作品。
——为大家介绍风格各异的垫布，充分展现它们的特色。

87

87 房屋样式的束口袋

与亚麻材质组合，相得益彰。

制作方法 P71 尺寸 10cm

88

88 笔袋装饰

在喜欢的笔袋上加入花样，缝制时需注意平衡搭配。

制作方法 P72　尺寸 10cm

89 树叶挂饰

垫布中穿入绳带，制作出个人专属的挂饰。

制作方法 P72　尺寸 10cm×7cm

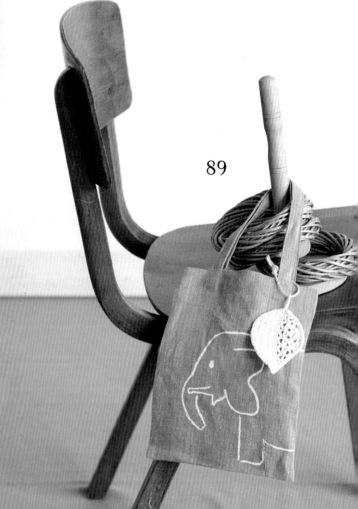

89

90

90 华丽的相册

凝聚万千回忆的相册封面上，用手工
制作的垫布装点。

制作方法 P89　尺寸 15cm

91

9I 大心形的靠枕

每天使用的靠枕，加入心形垫布更可爱。

制作方法 P90 尺寸 20cm×20cm

92

92 个性香囊

缝到正方形的香囊上。用做礼物也是
不错的选择哦。

制作方法 P89 尺寸 I0cm

94

93

原创午餐垫

形状各异的垫布拼接成独特的原创午
餐垫。

制作方法 P9I

尺寸 93/10cm×10cm 94/10cm

95 童装上的草莓装饰

用做孩子衬衫上的嵌花花样也非常漂亮。

制作方法 P92　尺寸 10cm×8cm

96 口袋上加入驯鹿的图案

孩子的牛仔裤上，加入驯鹿图案点缀。

制作方法 P93　尺寸 10cm

97

97 与帽子搭配

花点小心思，将日常戴的帽子改变一下。
制作方法 P92 尺寸 10cm

98 缝在提篮手提包上

宽大的提篮手提包与大块花样搭配，提篮
上的亮点。
制作方法 P94 尺寸 20cm

99、100　原创室内装饰 1

把自己喜欢的垫布装在相框内，收藏起来。

制作方法 P95　尺寸 99/10cm 100/15cm

101、102、103、104

原创室内装饰 2

挑选几块垫布和镶边，制作出个性的相框。

制作方法 101、102/P96　103、104/P97
Size 103/高9cm 104/15cm

I05

I05　阿伦花样的花瓶套

两块垫布缝合，与普通的花瓶相比，呈现出不一样的质感。

制作方法 P98　尺寸 20cm

I06

I06 蕾丝花边饰品

特别的日子用华丽的蕾丝花边进行装饰。

制作方法 P98　尺寸 I0cm

I07

I07 荷叶边的花瓶垫

层层叠叠的荷叶边，让简单的花朵突然间
变得灵动活泼。

制作方法 P99　尺寸 20cm

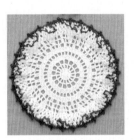

I08、I09 叶子杯垫

感受季节变化，品味休闲时刻。

制作方法 P100　尺寸 各10cm

I08

I09

110

IIO 装点围裙

简单的围裙中加入几分华丽的元素。

制作方法 PIOI 尺寸 I5cm

III

III 收纳物盖布

大块的垫布用于遮盖收纳物，非常方便。

制作方法 PIOI 尺寸 20cm

112

II2 薔薇垫布制作的瓶盖

装点一下，让储物瓶更加可爱，直接用做礼物也可以哦。

制作方法 P102　尺寸 20cm

II3

II3 钱包的点缀图案

轻松休闲风格的小包中加入蝴蝶花样。

制作方法 P103　尺寸　8cm×13.5cm

II4　皮革与蕾丝花边组合

中性风格的皮革材质钱包，用锥子凿出小孔后缝上蕾丝花边，多几分温柔气质。

制作方法 P103　尺寸　10cm

II4

II5

II5　雪花花样点睛

冬天必备的热水袋套上加入雪花，温馨之感瞬间提升。

制作方法 P104　尺寸 I0cm

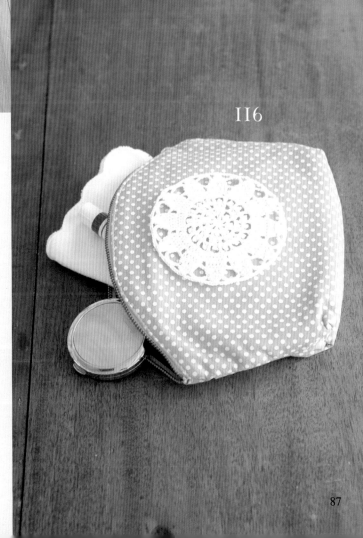

II6

II6　花样小包

将自己喜欢的花样蕾丝花边装饰在每天使用的化妆包上。

制作方法 P104　尺寸 I0cm

II7

II8

II7、II8 缝到手提包上

根据手提包的颜色挑选垫布，反面用粗剪的布料粘合成。

制作方法 P105　尺寸 II7/I5cm II8/I0cm

90

15cm

图片 ► P75

奥林巴斯　Emmygrande

本白色……9g

钩针2/0号

×（第10行）
在此针中引拔钩织3次

×（第5行）=上一行的花瓣倒向内侧，然后
在上两行的短针中织入短针

92

10cm

图片 ► P75

奥林巴斯　Emmygrande

本白色……4g

蕾丝针0号

奥林巴斯　Emmygrande　本白色……16g

蕾丝针0号

$\uparrow\uparrow\uparrow\uparrow\uparrow\uparrow$ =将上一行的线圈成束挑起后钩织

✕ =短针的条针

93

10cm×10cm

图片 ► P77

奥林巴斯　Emmygrande

粉色……3g

蕾丝针0号

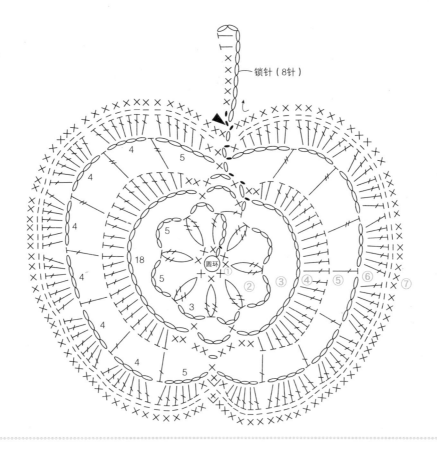

锁针（8针）

94

10cm

图片 ► P77

奥林巴斯　Emmygrande

米褐色……5g

钩针2/0号

（第3行）=钩织4针引拔针、3针长长针时，均
是在上一行枣形针1针的头针中钩织

（第5行）=在上一行的锁针中钩织

95

图片 ◆ P78

奥林巴斯　Emmygrande
本白色……4g
蕾丝针0号

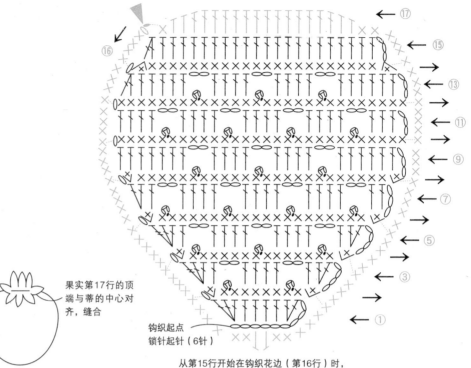

蒂

钩织起点
锁针起针
（5针）

果实第17行的顶
端与蒂的中心对
齐，缝合

钩织起点
锁针起针（6针）

从第15行开始在钩织花边（第16行）时，
顺势接着钩织第17行

97

10cm

图片 ◆ P79

奥林巴斯　Emmygrande
本白色……3g
蕾丝针0号

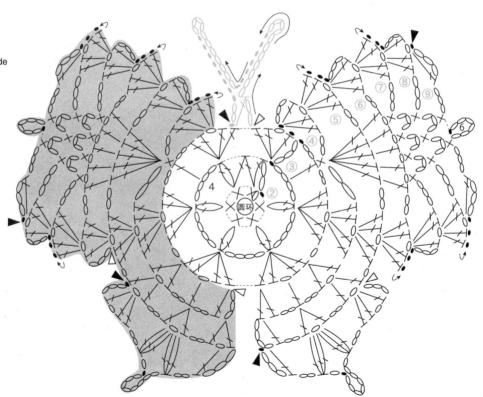

10cm
图片 ← P78
重点课程 ← P5
Richmore Percent
藏蓝色……6g
本白色……5g
钩针4/0号

针法记号

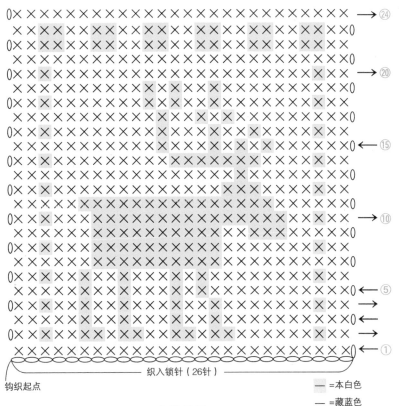

织入锁针（26针）

钩织起点

— =本白色
— =藏蓝色

方格记号

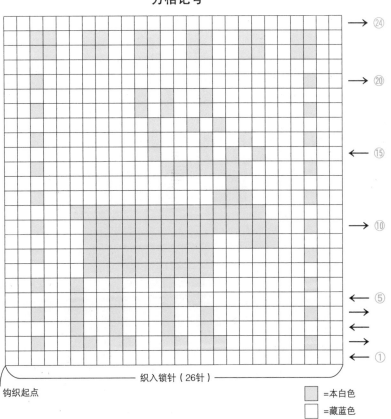

织入锁针（26针）

钩织起点

□ =本白色
□ =藏蓝色

奥林巴斯　Emmygrande　本白色……80g　蕾丝针0号

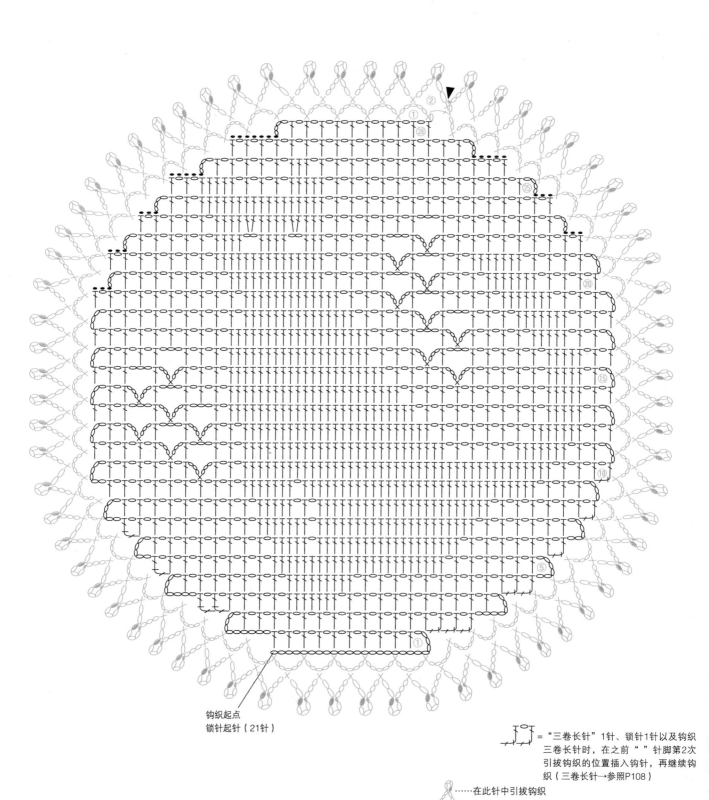

钩织起点
锁针起针（21针）

= "三卷长针"1针、锁针1针以及钩织
三卷长针时，在之前""针脚第2次
引拔钩织的位置插入钩针，再继续钩
织（三卷长针→参照P108）

……在此针中引拔钩织

99

图片 ► P80

奥林巴斯 Emmygrande
本白色……少许 蕾丝针0号

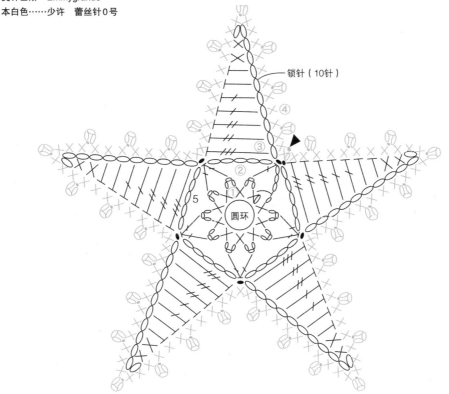

锁针（10针）

④
③
②
①
圆环
5

100

15cm

图片 ► P80

奥林巴斯 Emmygrande
本白色……9g
钩针2/0号

钩织方法顺序

用短针和锁针、长针等钩织出动物（马）的形状，然后在3个位置将花样A、B拼接。然后在动物和花样之间钩织锁针和引拔针，填满缝隙。最后再钩织3行花边，形成四边形。

花样A、B第1行的针数

A……16针、B……12针

=动物的钩织起点
　锁针起针（5针）

=花边的钩织起点

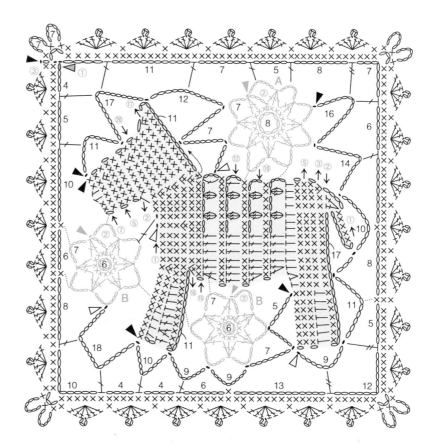

IOI

約30cm

图片 ► P80

重点课程 ► P6

奥林巴斯　Emmygrande　米褐色……11g　钩针3/0号

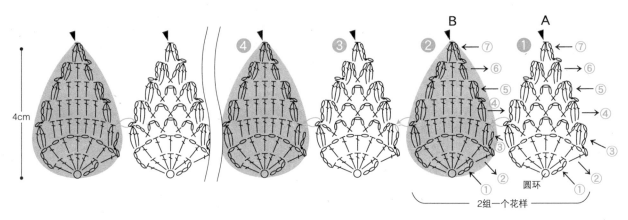

※ 花样的拼接方法 ◯（第3行）=钩织完第3针的◯后取出钩针，然后将钩针插入右侧相邻第4行的
指定位置，引拔抽出之前的锁针针脚。接着继续钩织（参照P6）。

IO2

约30cm

图片 ► P80

奥林巴斯　Emmygrande<Herbs>　米褐色……7g

蕾丝针0号

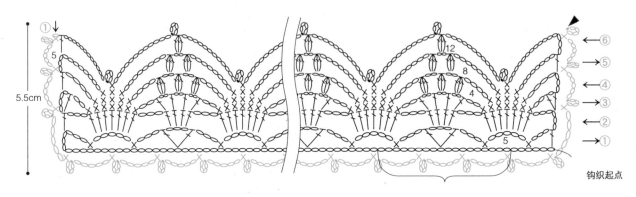

起针=（18针×花样数）13针　　18针1个花样

103

高9cm

图片 ► P80

重点课程 ► P6

奥林巴斯 Emmygrande

本白色……2g

蕾丝针0号

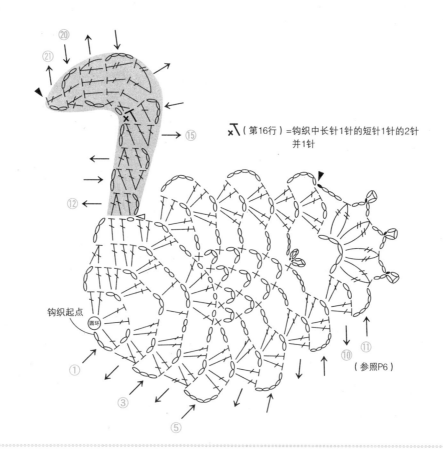

✕ＸＴ（第16行）=钩织中长针1针的短针1针的2针
并1针

钩织起点

① ③ ⑤ ⑩ ⑪ （参照P6）

104

15cm

重点课程 ► P6

奥林巴斯 Emmygrande<Herbs>

茶色……8g

钩针2/0号

97

105

20cm

图片 ► P81

奥林巴斯　Silky Baby

本白色……40g

钩针5/0号

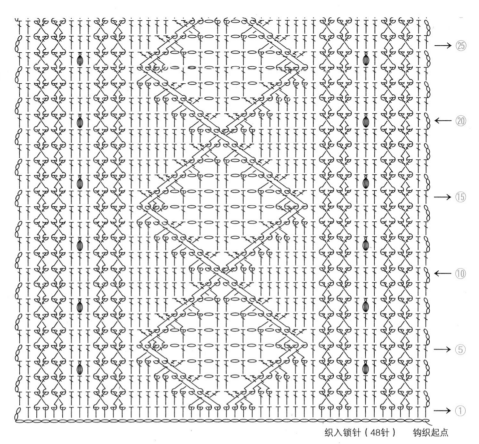

→ ㉕

← ⑳

← ⑮

← ⑩

← ⑤

→ ①

织入锁针（48针）　钩织起点

106

10cm

图片 ► P82

奥林巴斯　Emmygrande<Herbs>

白色……3g

蕾丝针0号

圆环

107

20cm

图片 ● P83

奥林巴斯　Emmygrande
本白色……19g
Emmygrande<Herbs>
茶色……5g
蕾丝针0号

主体

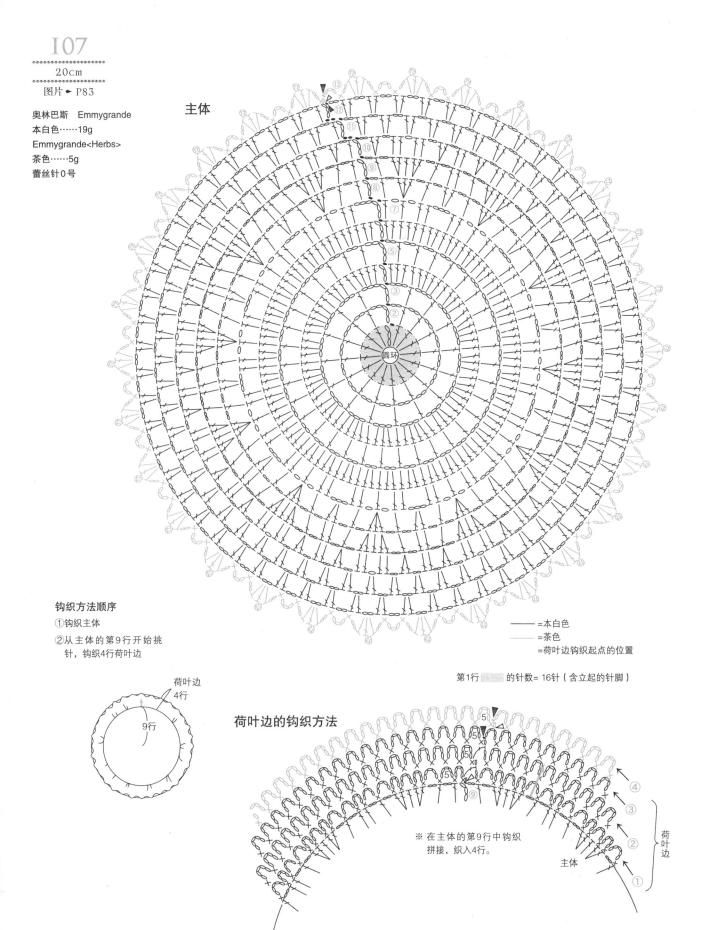

钩织方法顺序
①钩织主体
②从主体的第9行开始挑
　针，钩织4行荷叶边

荷叶边
4行

9行

―― =本白色
―― =茶色
　　=荷叶边钩织起点的位置

第1行　　　的针数= 16针（含立起的针脚）

荷叶边的钩织方法

※在主体的第9行中钩织
　拼接，织入4行。

荷叶边

主体

④
③
②
①

奥林巴斯　Emmygrande
本白色……2g
蕾丝针0号

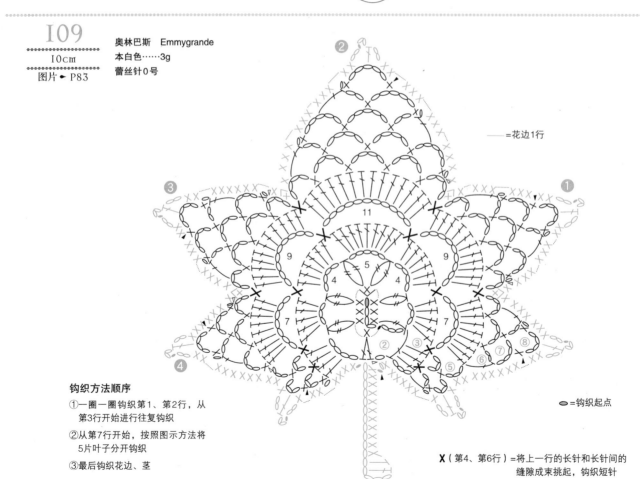

6

6

6

6

5

5

5

5

4

4

4

4

④ ⑤ ⑥ ⑦

6

②

⑧

圆环

10针

奥林巴斯　Emmygrande
本白色……3g
蕾丝针0号

②

◯ =花边1行

③

①

11

9

9

4

5

4

7

②　③

7

⑦　⑧

④　⑤

◯ =钩织起点

钩织方法顺序
①一圈一圈钩织第1、第2行，从
　第3行开始进行往复钩织
②从第7行开始，按照图示方法将
　5片叶子分开钩织
③最后钩织花边、茎

X（第4、第6行）=将上一行的长针和长针间的
　　缝隙成束挑起，钩织短针

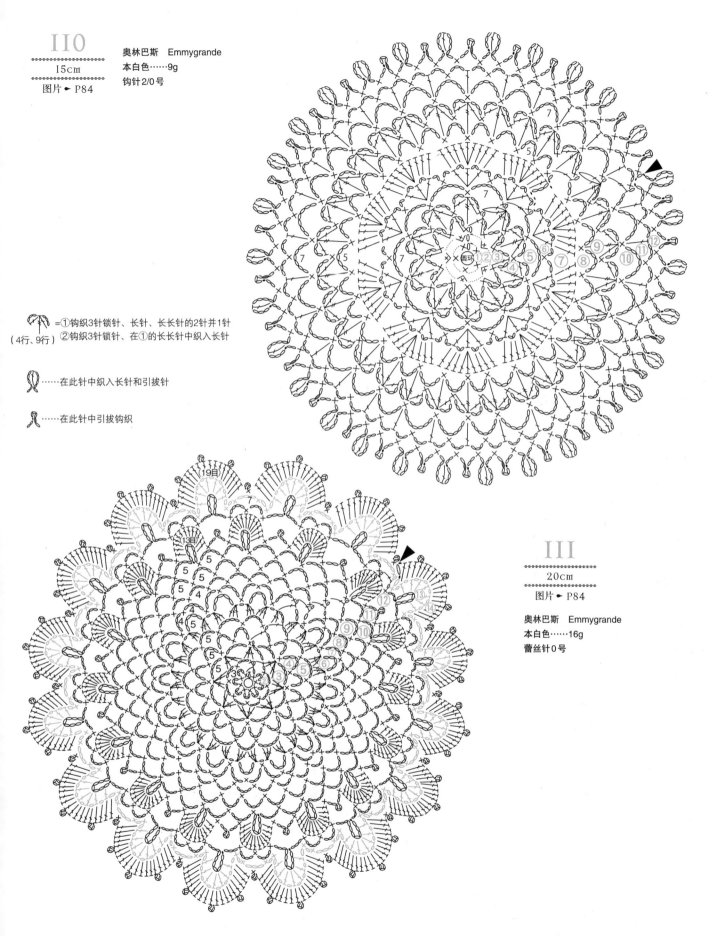

110

〰〰〰〰〰〰〰〰
15cm
〰〰〰〰〰〰〰〰
图片 ► P84

奥林巴斯　Emmygrande
本白色……9g
钩针2/0号

=①钩织3针锁针、长针、长长针的2针并1针
（4行、9行）②钩织3针锁针、在①的长长针中织入长针

……在此针中织入长针和引拔针

……在此针中引拔钩织

111

〰〰〰〰〰〰〰〰
20cm
〰〰〰〰〰〰〰〰
图片 ► P84

奥林巴斯　Emmygrande
本白色……16g
蕾丝针0号

奥林巴斯　Emmgyrande　本白色……4g　绿色……3g
Emmygrande<Herbs>　浅粉色、樱花粉……各2g　钩针2/0号

配色表

行数	颜色
⑫	绿色
⑪	浅粉色
⑧~⑩	本白色
⑥·⑦	浅粉色
⑤	樱花粉
②~④	本白色
①	浅粉色

113

8cm×13.5cm

图片 ► P86

奥林巴斯　Emmygrande　本白色……4g　蕾丝针2号

将锁针的里山挑起钩织触角的引拔针

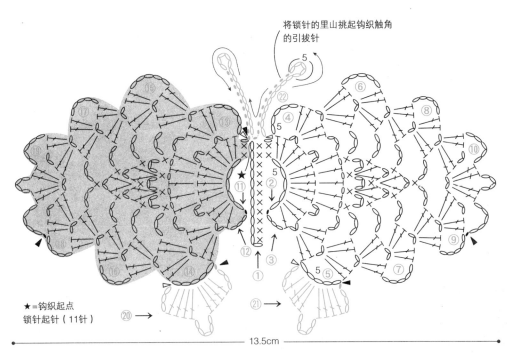

★=钩织起点
锁针起针（11针）

13.5cm

114

10cm

图片 ► P86

奥林巴斯　Emmygrande
本白色……少许
蕾丝针2号

奥林巴斯　Emmygrande　本白色……少许　蕾丝针0号

（第3行）＝在此短针中引拔钩织3次

奥林巴斯　Emmygrande
本白色……4g
蕾丝针0号

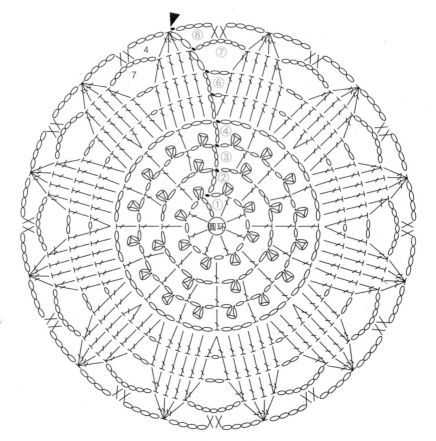

117

15cm

图片 ► P88

奥林巴斯　Emmygrande
本白色……8.5g
蕾丝针0号

◯（第11行）=织入引拔针3针

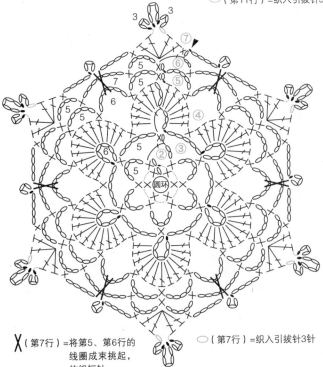

118

10cm

图片 ► P88

奥林巴斯　Emmygrande
本白色……3g
蕾丝针0号

✕（第7行）=将第5、第6行的
　　　　　线圈成束挑起，
　　　　　钩织短针

◯（第7行）=织入引拔针3针

基础课程

❖ 钩针钩织的基础 ❖

根据日本工业规格（JIS），所有的记号表示的都是编织物表面的状况。
钩针编织没有正面和反面的区别（拉针除外）。交替看正反面进行平针编织时也用相同的记号表示。

◆ 从中心开始钩织圆环时

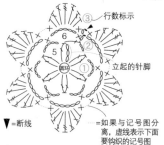

在中心编织圆圈（或是锁针），像画圆一样逐行钩织。在每行的起针处进行立起钩织。通常情况下都面对编织物的正面，从右到左看记号图进行钩织。

③ 行数标示
立起的针脚
▼=断线
·····=如果与记号图分离，虚线表示下面要钩织的记号图

◆ 平针钩针时

▼=断线　▽=接线
锁针起针（19针）

特点是左右两边都有立锁针，当右侧出现立起的锁针时，将织片的正面置于内侧，从右到左参照记号图进行钩织。当左侧出现立锁针时，将织片的反面置于内侧，从左到右看记号图进行钩织。图中所示的是在第3行更换配色线的记号图。

| 锁针的看法 |

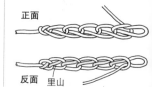

正面
反面　里山

锁针有正反之分。反面中央的一根线成为锁针的"里山"。

| 线和针的拿法 |

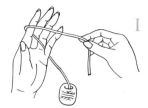

1 将线从左手的小指和无名指间穿过，绕过食指，线头拉到内侧。

2 用拇指和中指捏住线头，食指挑起，将线拉紧。

3 用拇指和食指握住针，中指轻放到针头。

| 最初起针的方法 |

1 针从线的外侧插入，调转针头。

2 然后再在针尖挂线。

3 钩针从圆环中穿过，再在内侧引拔穿出线圈。

4 拉动线头，收紧针脚，最初的起针完成（这针并不算做第1针）。

| 起针 |

从中心开始钩织圆环时
（用线头制作圆环）

1 线在左手食指上绕两圈，形成圆环。

2 圆环从手指上取出，钩针插入圆环中，再引拔将线抽出。

引拔抽出的针脚
3 接着再在针上挂线，引拔抽出，钩织1针立起的锁针。

4 钩织第1行时，将钩针插入圆环中，织入必要数目的短针。

5 暂时取出钩针，拉动最初圆环的线和线头，收紧线圈。

6 第1行末尾时，钩针插入最初短针的头针中引拔钩织。

从中心开始钩织圆环时
（用锁针做圆环）

1 织入必要数目的锁针，然后把钩针插入最初锁针的半针中引拔钩织。

2 针尖挂线后引拔抽出线，钩织立起的锁针。

3 钩织第1行时，将钩针插入圆环中心，然后将锁针成束挑起，再织入必要数目的短针。

4 第1行末尾时，钩针插入最初短针的头针中，挂线后引拔钩织。

| 起针 |

平针钩织时

织入必要数目的锁针和立起的锁针，在从头数的第2针锁针中插入钩针。

针尖挂线后再引拔抽出线。

第1行钩织完成后如图（立起的1针锁针不算做1针）。

| 将上一行针脚挑起的方法 |

即便是同样的枣形针，根据不同的记号图挑针的方法也不相同。记号图的下方封闭时表示在上一行的同一针中钩织，记号图的下方开合时表示将上一行的锁针成束挑起钩织。

在同一针脚中钩织

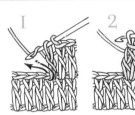

将锁针成束挑起后钩织

| 针法符号 |

锁针	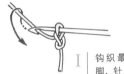 1 钩织最初的针脚，针上挂线。	2 引拔抽出挂在针上的线。	3 按照步骤1、步骤2的方法重复。	4 钩织完5针锁针。

引拔针	钩针插入上一行的针脚中。	2 针尖挂线。	3 一次性引拔抽出线。	4 完成1针引拔针。

短针	 1 钩针插入上一行的针脚中。	2 针尖挂线，从内侧引拔穿过线圈。	3 再次在针尖挂线，一次性引拔穿过2个线圈。	4 完成1针短针。

中长针	 1 针尖挂线后，钩针插入上一行的针脚中挑起钩织。	2 再次在针尖挂线，从内侧引拔穿过线圈。	3 针尖挂线，一次性引拔穿过3个线圈。	4 完成1针中长针。

基础课程

ꞏ 钩针钩织的基础 ꞏ

针法符号				

长针

 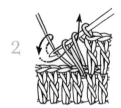 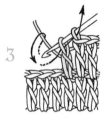 

针尖挂线后，钩针插入上一行的针脚中。然后再在针尖挂线，从内侧引拔穿过线圈。	按照箭头所示方向，引拔穿过2个线圈。	再次在针尖挂线，按照箭头所示方向，引拔穿过剩下的2个线圈。	完成1针长针。

长长针 三卷长针

※（ ）内三卷长针的钩织次数

 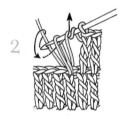  

线在针尖缠2圈（3圈）后，钩针插入上一行的针脚中，然后再在针尖挂线，从内侧引拔穿过线圈。	按照箭头所示方向，引拔穿过2个线圈。	按步骤 2 的方法重复2次（3次）。	完成1针长长针。

短针2针并1针

   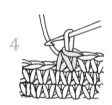

按照箭头所示，将钩针插入上一行的1个针脚中，引拔穿过线圈。	下一针也按同样的方法引拔穿过线圈。	针尖挂线，引拔穿过3个线圈。	短针2针并1针完成（比上一行少1针）。

短针1针分2针

  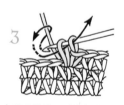 

钩织1针短针。	钩针插入同一针脚中，从内侧引拔抽出线圈。	针尖挂线，引拔穿过2个线圈。	上一行的1个针脚中织入了2针短针，比上一行多1针。

短针1针分3针

  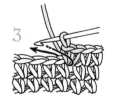 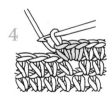

钩织1针短针。	钩针插入同一针脚中，引拔抽出线圈，织入短针。	再在同一针脚中织入1针短针。	上一行的1个针脚中织入了3针短针，比上一行多2针。

锁针 3 针的引拔小链针

I
钩织3针锁针。

2
钩针插入短针头针的半针和尾针的1根线中。

3
针尖挂线，按照箭头所示一次性引拔抽出。

4
引拔小链针完成。

长针 2 针并 1 针

I
在上一行的针脚中钩织1针未完成的长针，然后按照箭头所示，将钩针插入下一针脚中，再引拔抽出线。

2
针尖挂线，引拔穿过2个线圈，钩织出第2针未完成的长针。

3
再次在针尖挂线，一次性引拔穿过3个线圈。

4
长针2针并1针完成。比上一行少1针。

长针 1 针分 2 针

I
钩织完1针长针后，在同一针脚中再钩织1针长针。

2
针尖挂线，引拔穿过2个线圈。

3
再在针尖挂线，引拔穿过剩下的2个线圈。

4
1个针脚中织入了2针长针。比上一行多了1针。

长针 3 针的枣形针

I
在上一行的针脚中，钩织1针未完成的长针。

2
在同一针脚中插入钩针，再织入2针未完成的长针。

3
针尖挂线，一次性引拔穿过4个线圈。

4
完成长针3针的枣形针。

中长针 3 针的变化枣形针

I
钩针插入上一行的针脚中，织入3针未完成的中长针。

2
针尖挂线，按照箭头所示引拔穿过6个线圈。

3
再次在针上挂线，一次性引拔穿过剩余的针脚。

4
中长针3针的变化枣形针完成。

| 针法符号 |

长针 5 针的爆米花针

1 在上一行的同一针脚中织入5针长针，然后暂时取出钩针，再按箭头所示重新插入。

2 按照箭头所示从内侧引拔钩织针尖的针脚。

3 然后再钩织1针锁针，拉紧。

4 长针5针的爆米花针完成。

短针的棱针

长针的棱针

※（）内表示长针的棱针

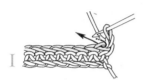

1 按照箭头所示，钩针插入上一行针脚外侧的半针中。

2 钩织短针（长针），下面的针脚也按同样的方法将钩针插入外侧的半针中。

3 钩织至顶端后，变换织片的方向。

4 按照步骤 1、步骤 2 的方法，将钩针插入外侧的半针中，织入短针(长针)。

短针的条针

长针的条针

※（）内表示长针的条针

1 看着每行的正面钩织。钩织一圈短针后在最初的针脚中引拔钩织。

2 钩织1针（3针）立起的锁针，然后将上一行的外侧半针挑起，织入短针（长针）。

3 按照步骤 2 的要领重复，继续钩织短针（长针）。

4 上一行的内侧半针留出纹状的针脚。钩织完第3针短针的条针后如图。

反短针

1 钩织1针立起的锁针，按照箭头所示，从内侧插入钩针。

2 挂线，按照箭头所示引拔抽出。

3 再次挂线，一次性引拔穿过2个线圈。

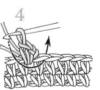

4 按照箭头所示，钩针从内侧插入下面的针脚中。

5 挂线，按照箭头所示引拔抽出。

6 再次挂线，一次性引拔穿过2个线圈。如此重复，钩织反短针。

短针的反拉针

※往复钩织中看着反面钩织时，织入正拉针。

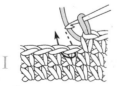

1 按照箭头所示，从反面将钩针插入上一行短针的尾针中。

2 针尖挂线，按照箭头所示从织片的外侧抽出。

3 拉动线，稍微比短针长一些，再次在针脚挂线，一次性引拔抽出2个线圈。

4 完成1针短针的反拉针。

长针的正拉针

※ 往复钩织中看着反面钩织时，织入反拉针。

1 针尖挂线，按照箭头所示，从正面将钩针插入上一行长针的尾针中。

2 针尖挂线，抽出线，拉长。

3 再次在针尖挂线，引拔穿过2个线圈。之后再重复1次。

4 长针的正拉针钩织完成。

长针的反拉针

※ 往复钩织中看着反面钩织时，织入正拉针。

1 针尖挂线，按照箭头所示，从反面将钩针插入上一行长针的尾针中。

2 针尖挂线，按照箭头所示从织片的外侧抽出。

3 抽出线，拉长。再在针尖挂线，引拔穿过2个线圈。之后再重复1次。

4 长针的反拉针钩织完成。

基础课程 ❖ 刺绣针脚的基础 ❖

直线缝针迹

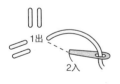

法式结粒绣针迹

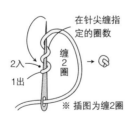

平式花瓣刺绣针迹

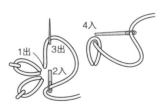

链式针迹

| 其他基础针法 |

TITLE:［レース　かぎ針編みのベストパターン　アレンジと楽しみ方実例］

BY:［E&G CREATES CO.,LTD.］

Copyright © E&G CREATES CO.,LTD., 2012

Original Japanese language edition published by E&G CREATES CO.,LTD.

All rights reserved. No part of this book may be reproduced in any form without the written permission of the publisher.

本书由日本美创出版授权北京书中缘图书有限公司出品并由河北科学技术出版社在中国范围内独家出版本书中文简体字版本。

著作权合同登记号：冀图登字 03-2014-024

图书在版编目（CIP）数据

最经典的蕾丝花饰118款 / 日本美创出版编著；何凝一译. -- 石家庄：河北科学技术出版社, 2014.11

ISBN 978-7-5375-7254-5

Ⅰ.①最… Ⅱ.①日… ②何… Ⅲ.①钩针-编织-图集 Ⅳ.①TS935.521-64

中国版本图书馆CIP数据核字(2014)第224804号

最经典的蕾丝花饰 118 款

日本美创出版　编著　　何凝一　译

策划制作：北京书锦缘咨询有限公司（www.booklink.com.cn）
总 策 划：陈　庆
策　　划：李　伟
责任编辑：杜小莉
设计制作：王　青

出版发行　河北科学技术出版社
地　　址　石家庄市友谊北大街 330 号（邮编：050061）
印　　刷　天津市蓟县宏图印务有限公司
经　　销　全国新华书店
成品尺寸　210mm × 260mm
印　　张　7
字　　数　60 千字
版　　次　2015 年 1 月第 1 版
　　　　　2015 年 1 月第 1 次印刷
定　　价　38.00 元